KB092979

MECD
Mobility Electrical Circuit Diagnostics

기초회로분석   THE   전류흐름도

스마트車
전장회로
분석핸드북

고장진단   REPAIR   점검장비

1

GoldenBell

Preface

"두고두고 찾아볼 전장회로도 분석 이야기!"

솔직히 자동차의 발전 속도를 일선 교육에서나 현장 기술인들이 따라잡기에는 버겁다.

매스컴에서는 하이브리드車, 전기車, 지능형車, 자율주행車 등등 최첨단 자동차가 도래한다고 호들갑이다.

이런 마당에 지금까지 내연기관 자동차에 익숙해진 현장 기술인들은 결코 설 곳이 녹록치 않다.

심지어 **"자포자**(자동차 기술을 포기하는 사람)**"**가 생겨 생업마저 포기하는 세태다.

여기에 가장 발목을 잡는 것은 「전장회로 점검정비」가 차지하는 비중이 높다.

이 책의 강점이라면 「회로분석」을 편성하기 위해 **각종 정비지침서, 전장회로도, 파형분석, 진단가이드** 등을 모아모아 관련 내용들을 일목요연하게 꾸몄다는 것이다. 이때, 꼭지마다 실무에 필수 핵심 기초이론을 엣지있게 삽입한 재치를 부렸다.

하여, 「회로분석」만큼은 국내외 차를 막론하고 실전의 힘을 키울 수 있도록 1년 넘게 에디팅한 작품이다.

자동차는 지능형 전자 기술의 발달로 ECU(Electronic Control Unit)의 액추에이터(Actuator) 뿐만 아니라 BCM(Body Control Module) 등 통신을 통해 제어가 이루어진다. 과거의 정비 기술로는 진단을 내리고 문제를 해결하는 데 한계가 있다.

머리말에 갈음하여...

진단 장비를 이용하여 센서 데이터를 통해 진단하고 통신과 접지 제어를 분석하고 진단 및 정비를 해야 한다.

• 이 책은 대학과정이나 실무 현장에서도 겸용할 수 있도록 분권하였다.

1권에서는 제1편 회로 분석 실무 기초, 제2편 자동차 통신 점검, 제3편 자동차 엔진(엔진 전장 포함) 및 섀시 시스템으로 편성하였다.

2권에서는 실무 현장에서 가장 트러블이 많은 제1편 자동차 등화 장치, 제2편 자동차 안전·편의장치, 제3편 자동차 바디 컨트롤 모듈로 편성하였다. 국내외 모든 차량을 진단하는데 기본지침이 될 수 있도록 전류의 흐름 경로를 통한 접지 제어 과정에서의 정비 방법을 현장감 있게 집필하였다.

확인컨대, 이 책만큼은 작업 시 드러내놓고 물을 수 없는 고민을 풀어주는 '사이다'가 될 것이 분명하다.

책을 집필하다 보면 뜻하지 않게 놓치는 부분이 있다. 그 구멍을 독자가 용케도 발견하는데 그때마다 여러분들의 지적을 담아 수정 보완할 것을 약속드린다. 끝으로 이 책의 출간을 위해 애써주신 (주) 골든벨 대표님, 이상호 간사님 이하 편집부 직원들에게 감사드린다.

2020. 7
차석수·강주원

Contents

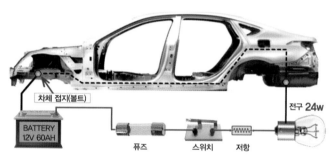

차체 접지(볼트)

BATTERY
12V 60AH

퓨즈   스위치   저항   전구 24w

Part 1

회로 분석
실무 기초

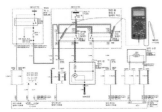

Part 1

회로 분석 실무 기초

01. 전기 회로의 구성

① 전기電氣

전기는 물질 안에 있는 전자 또는 공간에 있는 자유 전자나 이온들의 움직임 때문에 생기는 에너지의 한 형태. 음전기와 양전기 두 가지가 있는데, 같은 종류의 전기는 밀어내고 다른 종류의 전기는 끌어당기는 힘이 있다.

② 전기의 개요

전기를 전자론에 의하여 설명하면 모든 물질은 분자로 구성되어 있고 이 분자는 원자의 집합체로 구성되어 있다. 또 원자는 양(+)전기를 지닌 원자핵과 음(−)전기를 띤 전자로 구성되어 있으며, 원자핵은 다시 양성자와 중성자 분류된다.

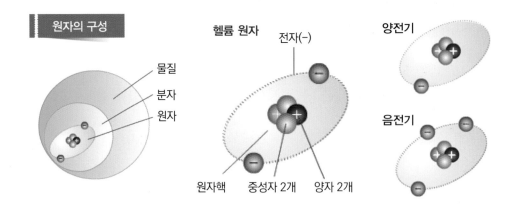

원자를 형성하고 있는 전자 중에서 가장 바깥쪽 궤도를 회전하고 있는 전자를 가전자라 부르며, 이 가전자는 구속력이 약하기 때문에 궤도에서 쉽게 이탈할 수 있는데 이런 전자를 자유 전자free electron라 한다. 자유 전자의 이동이 전류이다.

③ 전기 회로란?

(1) 전류가 흐르는 통로

(2) 전기 회로의 기본 구성은 전원(건전지), 회로 보호 장치(퓨즈), 전류 제어 장치(스위치), 부하(램프), 배선 **등으로 구성되어 있다.**

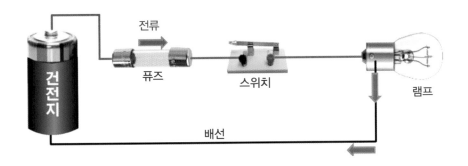

(3) 전기 회로의 구성 소자의 기능

① **전원:** 회로 내에 전류를 흐르게 하기 위한 것으로 전위차를 유지시키는 전기 펌프(배터리, 발전기 등)

② **회로 보호 장치:** 회로 내에 과대한 전류가 흘렀을 때 회로 보호하는 장치(퓨즈, 퓨즈블 링크, 서킷 브레이크 등)

③ **전류 제어 장치:** 전류의 흐름을 On·Off 하기 위한 장치(스위치, 릴레이, 트랜지스터 등)

④ **부하:** 전류가 흘러 일을 수행하는 장치(램프. 모터. 열선. 솔레노이드 등)

⑤ **배선:** 전원과 부하를 연결하여 전류가 흐르는 통로(구리 절연 전선. 회로 보드 등)

④ 접지

(1) 자동차의 차체 바디 및 엔진 본체에는 배터리 (−)전원이 연결되어 있어 차체 바디 및 엔진 본체는(−)도체가 된다.

(2) 자동차에서는 배터리 (−)와 부하 연결 시 부하와 자체에 접지만 시켜준다.

(3) 차체 바디에 (+) 배선이 접촉되면 쇼트가 일어나므로 전기계통 작업 시 배터리 (−)단자 탈거하고 작업하여야 한다.

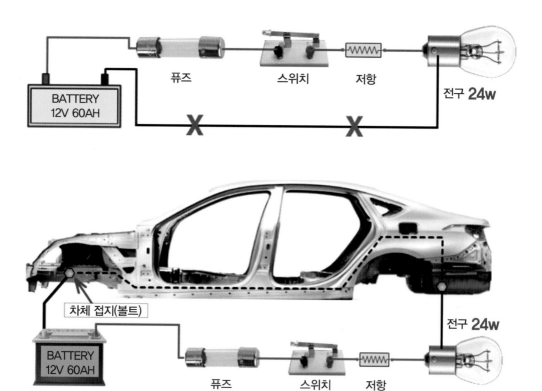

02. 개회로·폐회로

① 개회로 Open circuit

개회로의 경우 전압을 걸어 준다고 하더라도 전류(전자)가 순환할 수 있는 길이 끊어져 있기 때문에 전류를 흐르지 않게 하는 회로(스위치 OFF)이다.

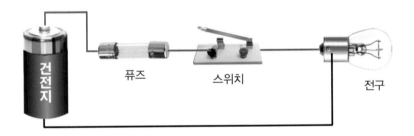

② 폐회로 closed circuit

회로 내에 끊어진 곳이 없어서 전류가 흐를 수 있는 닫힌 회로이다. 스위치 ON 상태이며 전류 측정 시에는 반드시 폐회로가 구성되어야 한다.

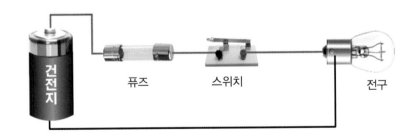

> **확인**
> ※ 전압 측정 시에는 스위치 OFF 상태에서 가능하다.
> ※ 전류 측정 시에는 반드시 스위치 ON 상태에서 측정하여야 한다.

03. 전압·전류·저항

① 전압^{電壓}, Voltage

(1) 전압·전류·저항의 개요

- 아래 그림에서 물의 양은 **전압**, 물이 흐르는 것은 **전류**, 물이 흐르는데 방해 되는 것을 **저항**, 물이 흘러갈 수 있도록 열어 주는 것은 **밸브**(스위치)이다.
- 아래 그림에서 밸브(스위치)를 열면 **"A" "B"** 탱크의 물의 양이 같아질 때까지 물이 흐른다.

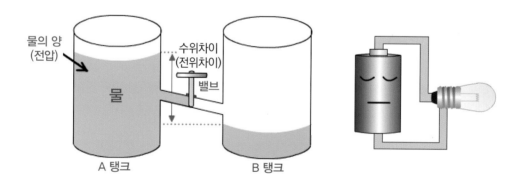

① 전압은 전류를 흐르게 할 수 있는 힘을 말한다. 단위는 V를 사용한다.

② 1볼트는 1 쿨롱(C)의 전하가 두 지점 사이에 이동하였을 때 하는 일이 1 줄(J) 일 때의 전위차이다.

③ 쿨롱Coulomb은 전하의 단위로, 1C은 전류 1 암페어Ampere가 1초 동안 흘렀을 때 이동한 전하량, 즉 단위 시간 당의 전하의 양이다.

④ 1쿨롱: 전자 약 $6.25×10^{18}$개

⑤ "A" "B" 탱크에서 수면의 차이를 전기에서는 전위차電位差, 전압電壓, voltage이라 하며, 밸브를 열어 수면이 같아(전위차가 없어)질 때까지 전기가 계속 흐르는 것을 기전력起電力, electromotive force이라 한다.

② 전류電流, electric current

(1) 전류의 개요

전압 그림에서 밸브(스위치)를 열면 전위차가 같아질 때까지 물이 흐른다. 물이 흐르는 양을 전류라 한다.

저항과 부하가 같을 때 전류량을 많게 하려면 파이프(배선)를 굵은 것을 사용하던가, 전압을 높인다.

① 전류는 전하의 흐름으로, 단위 시간 동안에 흐른 전하의 양으로 정의된다. 전류의 SI 단위는 암페어, 기호 A로 표기한다.

② 1 암페어Ampere 는 1초당 1 쿨롱의 전하가 흐르는 것을 뜻하며, 단위는 A를 사용한다.

③ **기호**: 옴의 법칙에서 기호 I는 전류의 세기intensity of current의 약자이다.

(2) 전류의 방향과 전자의 방향

전지의 내부는 (+)극에서 도선으로부터 이동해온 전자가 전극의 (+)이온과 중화하는 한편 (−)극으로부터 전자가 이동해 왔기 때문에 화학반응의 밸런스가 무너져 (−)극에는 전자가 (+)극에는 플러스 이온이 재생성 된다. 그리고 이 재생성 효력이 있는 것이 전류를 연속해서 흐르게 하는 힘(기전력)이다.

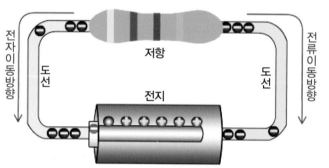

저항
전지
전자이동방향
전류이동방향
도선
도선

- 전류는 (+)에서 (−)로 흐른다.   - 전자는 (−)에서 (+)로 흐른다.

(3) 전류의 3대 작용

① 발열 작용

도체에 전류가 흐를 때 저항에 의하여 열이 발생한다. 자동차에서 전류의 발열 작용은 2가지로 나누어져 사용된다. 하나는 열을 이용한 담배 라이터, 예열플러그, 뒷유리 성애 제거용 열선, 수온계, 방향지시등의 플래셔 유닛이며, 또 다른 하나는 빛을 이용한 등화 장치의 전구lamp 이다.

② 화학 작용

전류가 도체 속을 흐를 때 화학 작용 및 전기 분해 작용이 발생한다.(배터리 이온작용)

③ 자기 작용

자기 작용은 전기적 에너지를 기계적 에너지로 변환시키고, 또 반대로 기계적 에너지를 전기적 에너지로 전환하는 작용을 한다. 자동차에서 자기 작용을 이용한 것은 기동전동기, 발전기, 솔레노이드기구, 각종 릴레이 등이다.

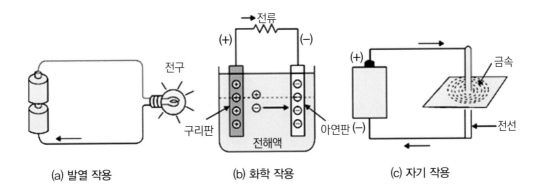

(a) 발열 작용   (b) 화학 작용   (c) 자기 작용

③ 저항^{resistance}

(1) 저항의 개요

전자가 도체 속을 이동할 때 원자와 충돌하여 저항을 받는다. 이 저항은 도체가 지니고 있는 자유 전자의 수·원자핵의 구조 및 도체의 형상 또는 온도에 따라서 변화한다. 이처럼 도체 속을 전류가 흐르기 쉬운지 또는 어려운지의 정도를 표시하는 것을 전기 저항이라 한다.

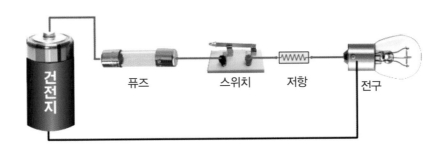

(2) 저항의 단위

도체에 흐르는 전류는 전압이 같더라도 도체의 단면적이 작으면 잘 흐르지 못하고, 도체의 단면적이 크면 전류가 잘 흐르게 되는데 이것은 도체의 저항에 의해 발생되는 것이다. 저항의 단위는 옴^{Ohm}, 기호는 Ω 이다.

단위의 종류에는 $1M\Omega=1,000,000=\Omega$, $1k\Omega=1,000\Omega$, 1Ω, $1\mu\Omega=1/1,000,000\Omega$ 등이 있다.

(3) 저항의 종류

① 도체 형상에 의한 저항

도체의 저항은 단면적과 길이에 따라 변화하며, 같은 재질의 전선이라도 전류가 흐르는 방향과 수직되는 방향의 단면적이 커지면 저항이 감소하고, 전류가 흐르는 길이가 증가하면 그만큼 원자 사이를 뚫고 나가야 하기 때문에 저항이 증가한다. 즉, 도체의 저항은 그 길이에 정비례하고 단면적에 반비례한다.

도체 단면의 고유 저항을 $\rho(\Omega cm)$, 단면적을 $A(cm^2)$, 도체의 길이가 $\ell(cm)$인 도체의 저항을 $R(\Omega)$이라 하면 $R = \text{\textit{R}} = \rho \times \dfrac{\ell}{A}$ 계가 있으므로 도체와 그 형상이 결정되면 저항값을 계산할 수 있다.

② 물질의 고유 저항

물질의 저항은 재질·형상 및 온도에 따라서 변화하며 형상과 온도를 일정하게 하면 재질에 따라서 저항값이 변화한다. 즉, 길이 1m, 단면적 1m²인 도체의 두 면 사이의 저항값을 비교하여 이를 그 재료의 고유 저항 또는 비저항이라 한다. 기호 로(ρ)로 표시하며, 단위는 Ωm이다. 실제로 1m³는 그 크기가 너무 크므로 1cm³의 고유 저항의 단위 Ωcm를 일반적으로 사용한다.

• 도체의 고유 저항

도체의 명칭	고유 저항 ($\mu\Omega$ cm)20℃	도체의 명칭	고유 저항 ($\mu\Omega$ cm)20℃
은(Ag)	1.62	니켈(Ni)	6.9
구리(Cu)	1.69	철(Fe)	10.0
금(Au)	2.40	강	20.6
알루미늄(Al)	2.62	주철	57~114
황동(Cu+Zn)	5.70	니켈-크롬(Ni-Cr)	100~110

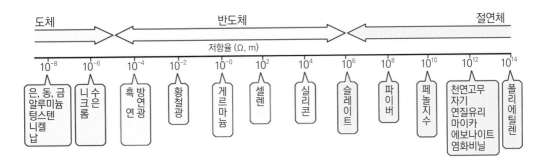

③ 절연 저항

절연체의 저항은 절연체를 사이에 두고 높은 전압을 가하면 절연체의 절연 저항 정도에 따라 매우 적은 양이기는 하지만 전류가 흐른다(누설). 절연체의 전기 저항은 도체의 저항에 비하여 대단히 크기 때문에 메거옴(MΩ)을 사용하며, 절연 저항이라 부른다.(100만V의 전압을 가하였을 때 1A가 누설되는 것을 1MΩ이라 한다)

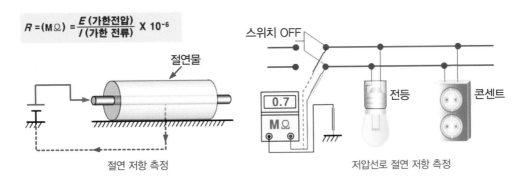

$$R = (M\Omega) = \frac{E\,(\text{가한전압})}{I\,(\text{가한 전류})} \times 10^{-6}$$

절연 저항 측정

저압선로 절연 저항 측정

④ 접촉 저항

접촉 저항이란 도체와 도체를 연결할 때 헐겁게 연결하거나 녹·페인트 및 피복을 완전히 제거하지 않고 연결하면 그 접촉면 사이에 저항이 발생하여 전류의 흐름을 방해한다. 이와 같이 접촉면에서 발생하는 저항을 말한다.

(4) 전기 회로에서 사용되는 저항

전기 회로에서 저항을 사용하는 목적은 전압을 강하시키고자 할 때 즉, 전류 흐름을 낮추고자 할 때, 변동되는 전류 및 전압을 이용하고자 할 때, 저항을 사용하여 부하에 알맞은 전기가 공급되도록 하기 위함이다.

① 고정 저항

고정 저항은 전력에 견디는 값이 수십 와트Watt로부터 1/4와트까지 있다. 일반적으로 사용되는 저항에는 권선 저항, 카본 저항, 금속 피막 저항 등이 있으며 각 저항에는 저항값 허용 오차가 표시되어 있다. 또 솔리드solid 저항이나 카본carbon 저항 등에는 외부의 절연체를 식별하기 위해 아래 그림과 같이 컬러 코드로 되어있다.

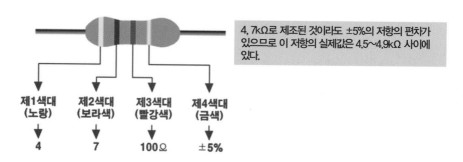

4, 7kΩ로 제조된 것이라도 ±5%의 저항의 편차가 있으므로 이 저항의 실제값은 4.5~4.9kΩ 사이에 있다.

제1색대 (노랑)	제2색대 (보라색)	제3색대 (빨강색)	제4색대 (금색)
4	7	100Ω	±5%

② 컬러 코드를 읽는 방법

컬러 코드가 저항의 끝부분에서 가까운 쪽부터 2개의 선이 유효 숫자이고, 3번째 선이 승수, 4번째 선이 허용 오차(%)를 나타낸다. 예를 들어 첫 번째 선부터 노랑색, 보라색, 갈색, 적색으로 되어있다면 그 저항값은 470Ω이고, 허용 오차는 ±2%가 된다.

즉, 저항값=(첫 번째 유효 숫자×10+두 번째 유효 숫자)×세 번째 승수(Ω)

= (4×10+7) = 470Ω

아래 그림은 컬러 코드 읽는 법을 표시하였다.

색깔 색대	검정	갈색	빨강	주황	노랑	초록	파랑	보라	회색	흰색	금색	은색	무색
제 1색대 (1번째수)	0	1	2	3	4	5	6	7	8	9			
제 2색대 (2번째수)	0	1	2	3	4	5	6	7					
제 3색대 (1,2에 곱한수)	X 1	X 10	X 100	X 1000	X 10^4	X 10^5	X 10^6	X 10^7	X 10^8	X 10^9			
제 4색대 (1번째수)		±0.1	±2			±0.5	±0.25	±0.1			±5	±10	±20

예 제1색대 청 6. 제2색대 흑 0. 제3색대 흑0. 제4색대 적 10^2. 제5색대 금 ± 5%

$= 600 \times 10^2 \pm 5\% = 60k\Omega \pm 3k\Omega$

③ 가변 저항

가변 저항기는 저항 위 부분을 접점이 미끄럼 운동을 하여 저항값이 변화되는 것이며 최대 저항값이 수치數値로 표시된다. 자동차에서는 스로틀 포지션 센서(T.P.S), 연료계, 유압계 등에서 가변 저항을 이용한다.

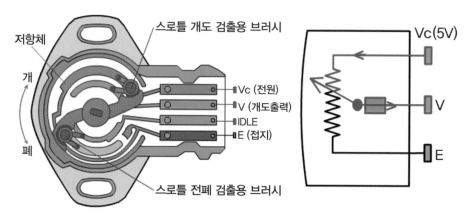

가변 저항을 이용한 스로틀 포지션 센서(T.P.S)

가변 저항   가변 저항 기호

04.축전기

콘덴서Condenser는 전기(정확히는 전하)를 저장하는 부품이며, 콘덴서라는 이름은 전기를 압축Condense 한다는 의미에서 붙은 이름이지만 영문 표기로는 Condenser 이외에 Capacitor(커패시터)라는 표기를 많이 사용한다. 영문에서 Condenser에는 축전기라는 의미도 있지만 실제로는 냉매를 압축하는 응축기라는 뜻으로 더 많이 사용된다.

축전기란 절연체를 사이에 두고 2장의 얇고 편평한 금속판 A와 B를 매우 가깝게 한 다음 각각에 (+), (−)전원을 연결하고 전압을 가하면 2장의 금속판으로 (+), (−)의 전하가 이동하여 A판의 (+)전하와 B판의 (−)전하가 서로 흡인하므로 전기를 저장해 둘 수 있으며, 위와 같이 전압을 가하여 전하를 저장할 수 있는 기구를 축전기라고 한다.

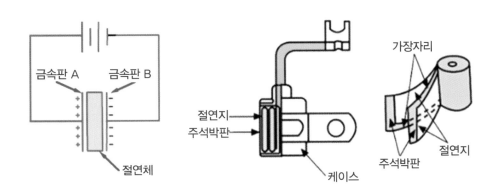

축전기의 원리도 및 구조

① 축전기의 정전 용량

축전기에 저장되는 전기량^{coulomb}은 가해지는 전압에 비례한다. 즉, 전압이 높을수록 많은 양의 전기를 저장할 수 있으며, 이들 사이에는 다음과 같은 관계가 있다.

$$Q = CE$$

Q: 축전기에 저장되는 전기량, C: 정전 용량, E: 축전기에 가해지는 전압

② 축전기 연결 방법

(1) 축전기의 직렬연결

여러 개의 축전기를 직렬로 연결하면 정전 용량과 관계없이 일정한 양의 전하가 축전기에 충전되며 정전 용량을 감소시키는 결과가 된다. 그리고 합성 용량은 각각의 정전 용량 중 가장 작은 것보다도 더 작다. 또 축전기를 직렬로 연결하면 전체 전압의 일부만 인가되므로 전압에 대한 내구성이 향상된다.

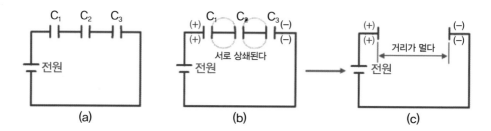

(2) 축전기의 병렬연결

여러 개의 축전기를 병렬로 연결하면 금속판의 면적을 증가시키는 것과 같은 효과를 나타낸다. 따라서 합성 용량 C는 각각의 축전기 용량의 합과 같게 된다.

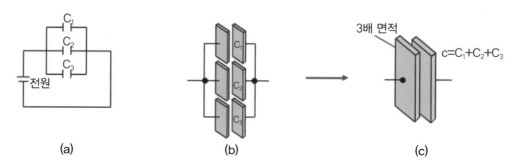

③ 축전기 종류 및 기호

(1) 전해 축전기

전해 축전기는 양(+)극판으로 알루미늄 박지를, 음(-)극판으로는 전해액을 바른 종이를 사용한다. 절연층은 양(+)극판 위에 매우 얇은 산화알루미늄을 사용한다. 전해 축전기는 각 단자에 (+), (-)극이 지정되어 있으므로 반드시 극성을 맞추어서 사용하여야 한다.

(2) 세라믹 축전기

세라믹ceramic 축전기는 세라믹을 절연체로 한 것이며 이산화티탄이나 규산염을 사용하여 매우 높은 절연도를 얻을 수 있다.

(3) 마일러 축전기

마일러 콘덴서는 폴리에스테르 필름 콘덴서 계열을 통틀어 마일러 콘덴서라 한다.

고정 콘덴서			가변 콘덴서
전해 콘덴서	마일러 콘덴서	세라믹 콘덴서	

④ 축전기 역할

(1) 축전기 충전 및 방전

① 축전기 충전

그림과 같이 축전기에 스위치 "A"로 하면 축전기 극판의 전자가 이동하면서 각
각의 극판은 (+), (−)극성을 띠게 된다. 이를 충전이라 한다. 극판 사이 전압이
전원의 전압과 같아지면 전자의 이동이 멈춘다, 전류가 끊기게 된다.

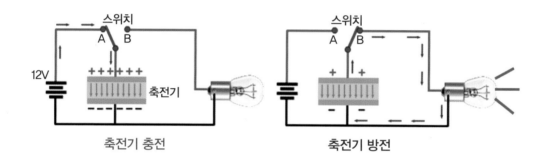

축전기 충전   축전기 방전

② 축전기 방전

충전된 축전기는 전원 역할을 하며, 위 그림과 같이 스위치를 "B"로 하면 축
전기의 방전이 이루어지며, 전류가 전구로 흘러 점등된다. 축전기 극판 사이
전원이 0V가 되면 전류도 차단되어 전구는 소등된다.

(2) 직류 전기 차단하고, 교류 전기 통과하는 회로

콘덴서의 기본 동작은 전하의 충전과 방전이므로 이를 이용하여 여러 가지 전기
적인 동작을 한다. 가장 기본적인 동작은 직류는 통과시키지 않고 교류만 통과시
키는 동작이다.

콘덴서는 직류가 가해지면 전하가 충전되고 다시 충전된 전압과 반대되는 방향의
회로가 연결되면 방전이 일어난다. 만일, 이 과정을 빠른 속도로 반복하면 어떻
게 될까? 콘덴서의 양쪽 끝에는 충전과 방전으로 인한 교류 전류가 흐르게 될 것

이다. 아래 그림 "A"에서는 전자가 축전기에 축적되고 그림 "B"에서는 전자가 다이오드 쪽으로 방전시키므로, 콘덴서가 직류는 통과시키지 않고 교류만 통과시킨다는 것은 바로 이런 동작을 가리키는 말이다.

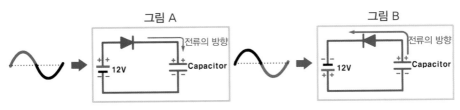

교류 전류 흐르게 하는 회로

(3) 정류 회로

다이오드와 함께 정류 회로를 구성하여 교류를 직류로 만드는 회로

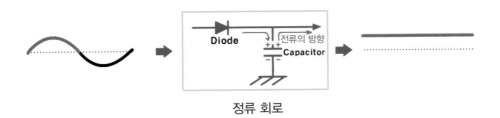

정류 회로

(4) Low-Pass Filter

저항과 함께 일정한 주파수보다 낮은 주파수의 신호만을 통과시키는 Low-Pass Filter 역할을 한다.

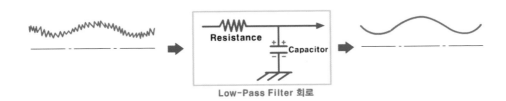

Low-Pass Filter 회로

(5) High-Pass Filter

Low-Pass Filter와 반대로 일정한 주파수보다 높은 신호만을 통과시키는 필터가 High-Pass Filte 회로이다.

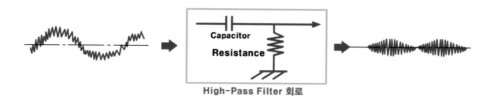

High-Pass Filter 회로

- 콘덴서는 이 밖에도 미분회로, 적분회로, 결합회로, 바이패스 등의 다양한 용도로 사용된다.

05. 자기 유도 작용

코일 자신에 흐르는 전류를 변화시키면 코일과 교차하는 자력선도 변화하므로 그 변화를 방해하려는 방향으로 기전력이 발생한다. 이와 같은 전자 유도 작용을 자기 유도 작용이라고 한다.

1 **그림 자기 유도 작용 'A'에서**

(1) 스위치 ON 하여 코일에 전류를 흘리면 자기력선이 생긴다.

(2) 자기력선이 작용 하는 공간을 자기장이라 한다.

(3) 자기력선은 N → S로 흐른다.

(4) 전류가 들어가는 쪽이 S극 나오는 쪽이 N극이다.

(5) 자기력선은 도중에 끊어지거나 교차하지 않는다

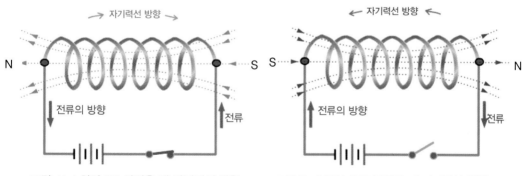

그림 A: 스위치 ON 하였을 때 자기력선 방향   그림 B: 스위치 OFF 하였을 때 자기력선 방향

② 그림 자기 유도 작용 'B'에서

스위치를 OFF 하면(+)쪽으로 흐르는 전자가 배터리 (−)쪽으로 되돌아가면서 자기력선이 반대 방향으로 형성되어 그림 "A"에서 발생한 자기력선과 교차 하면서 순간적으로 큰 기전력 발생한다. 이 발생 전압을 역기전력, 자기 유도 전압, 서지 전압이라 한다.

③ 자기 유도 전압(역기전력)을 높게 발생시키려면 아래의 조건이 만족하여야 한다.

(1) 코일 권수에 비례한다.

(2) 스위치 OFF시간에 비례한다.(단속시간)

(3) 전류의 크기에 비례한다.

(4) 자기 인덕턴스에 비례한다.

06. 릴레이(전자석)

① 전자석

철심에 코일을 감고 전기를 흘리면 철심이 자화되어 자석이 되는 것을 전자석 Electromagnet이라 한다.

자동차 회로에서는 릴레이Relay, 마그네틱 스위치MarkNatic Switch, 인젝터Injector 등 여러 곳에 사용된다.

① 아래 그림에서 전원 스위치가 OFF일 때에는 철심이 자화되지 않아 철 조각을 당기지 못한다.

② 전원 스위치가 ON일 때에는 코일에 전류가 흘러, 철심이 자화(자석)되어 철 조각을 흡인한다.

③ 다시 전원 스위치를 OFF시킬 때는 서지 전압이 역방향으로 발생한다.

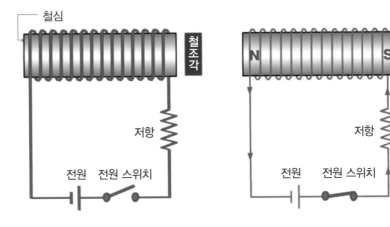

② 릴레이 회로

(1) 릴레이 없는 회로

아래 그림은 릴레이가 없는 회로이다. 이 회로에서는 스위치의 접점 부분에 많은 전류가 흘러 접점이 ON, OFF 될 때 접점에 스파크가 발생하여 접점의 소손이 빨라진다.

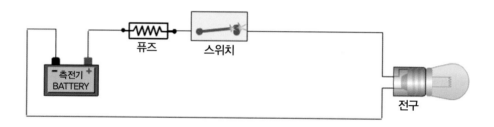

(2) 릴레이 있는 회로

전자석 릴레이가 있는 회로는 작은 전류(1A 이하 정도)로 스위치를 작동시켜 큰 전류를 제어하므로 스위치 소손이 거의 일어나지 않는다.

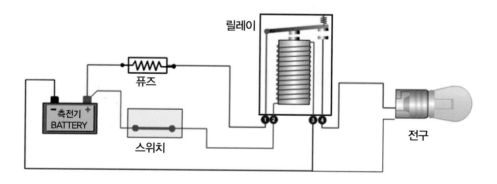

(3) 릴레이 회로 경로("참고" 실무 회로 분석에서 회로 경로 순서는 아래와 같다)

① 릴레이 회로: 배터리 (+) → 스위치 → 릴레이(②→③) → 배터리 (−)

※ 릴레이 전자석 되어 포인트 붙음

② 본(전구) 회로: 배터리 (+) → 퓨즈 → 릴레이(①→④) → 전구 → 배터리 (−)

※ 전구 점등

3 릴레이 서지 전압 차단 회로

자동차 회로에서 릴레이. 인젝터. 점화 코일 등 모든 회로에서 코일이 들어가는 전류를 ON, OFF 하면 서지 전압이 발생한다.

코일에서 발생하는 서지 전압은 전류의 흐름 반대 방향으로 나타나며 자동차 회로에 삽입되는 릴레이의 경우 35V 이상 발생한다.

이 고전압은 ECU(엔진 컴퓨터)의 입장에서는 너무 높은 전압이므로 자칫 TR을 손상시키거나 다른 곳으로 누전되어 오작동을 일으킬 수 있다. 이런 위험성을 방지하기 위해 코일에서 발생한 서지 전압을 다이오드를 통해서 코일 반대편으로 바이패스시켜 코일 자체에서 소멸하게 만들어진 회로이다.

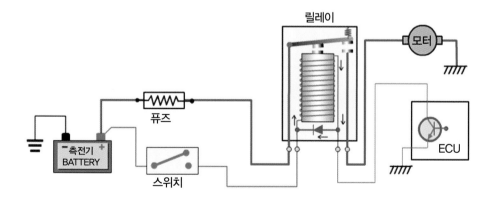

07. 배선의 표기·색상·종류

① 배선의 표기와 색상

회로도에서 단품의 역할에 따라 흐르는 전류의 세기가 달라지므로 각각의 배선에 적절한 배선의 굵기를 선정하고, 배선의 구별을 쉽게 하기 위해서 배선의 색상을 다르게 적용한다.

예를 들어 "0.5L/O" 배선의 의미를 보면, 0.5는 배선의 단면적을, L은 배선의 바탕이 되는 색을, O는 배선의 줄무늬 색을 나타낸다. 그리고 줄무늬가 없는 경우에는 바탕이 되는 1가지 색만 표기한다.

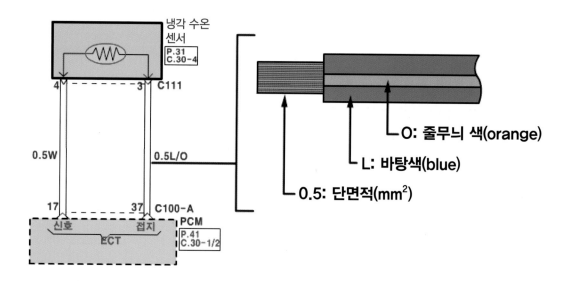

2 배선의 색상

B	Br	G	Gr	L	O	P	R	W	Y
BLACK	BROWN	GREN	GRAY	BLUE	ORANE	PINK	RED	WHITE	YELLOW

3 자동차 배선의 종류

배선Wire은 각 전기 회로에 전류 및 신호를 흐르게 하는 역할을 담당하며, 전류 및 신호를 흐르게 하는 도체 부와 절연 및 보호를 위한 절연체 부로 구성되어 있다. 배선의 종류는 차량의 위치, 사용 환경 및 신호 전송 속도에 따라 구분되며, 주로 사용되는 배선은 다음과 같다.

① 일반 전선
- 일반적인 전류나 신호 전달용으로 사용
- 사용 환경이 열악하지 않은 환경에 사용

② 실드 전선
- 센서 신호나 비디오 신호 전달용으로 사용
- 외부로부터 잡음Noise 유입을 차단(접지)

③ 쌍 꼬임 전선
- 스피커 및 CAN 통신 라인에 사용
- 두 선(+, -) 간의 신호 잡음 차단

④ 광 파이버
- 광통신 기반의 멀티미디어 장치에 적용
- 대용량의 신호를 고속으로 전송 가능

④ 자동차 접지 볼트

접지 볼트의 기능은 차체와 전기 터미널(전기 배선 터미널) 간의 전기적 회로(연결)를 구성하는 역할을 한다.

구분	접지 볼트 및 배선 터미널	일반 볼트
형상		
특징	• 나사산 눌림산 및 커팅 • 너트에 묻은 도장·이물질을 긁어내어 통전성을 향상시킨다.	• 나사산 형상 일정함 • 체결·고정용으로 사용

- **접지 불량 요인**
  - 접지용 볼트를 이종품 사용
  - 접지 볼트 조임 토크 부족
  - 접지 부위 부식 또는 열화

08. 퓨즈

퓨즈는 전기 회로의 과부하 등에 의한 규정 용량 이상의 전류가 일시적 또는 지속적으로 흐를 때 자신을 단선시킴으로써 회로와 단품을 보호하는 역할을 한다.

① 퓨즈의 용량

퓨즈의 용량 선정은 회로에서 발생하는 최대 전류의 1.25~2배 정도의 전격 용량을 사용하며, 이를 안전율이라 한다.

블레이드형　　　　　　카트리지형　　　　　　볼트 다운형

멀티형　　　　　　　　삽입형

② 다음 회로에서 퓨즈의 규격은?("단" 안전율 1.5배 적용 시)

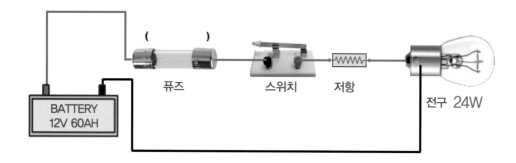

- 흐르는 전류 : 24W/12V = 2A • 퓨즈 용량 2A X 1.5배 = 3A

③ 블레이드 퓨즈 용량별 색상

용량	색상	퓨즈	용량	색상	퓨즈
1A			10A		
2A			15A		
3A			20A		
4A			25A		
5A			30A		
7.5A					

09. 전기 회로 기호

① 회로의 표시 및 기호

(1) 회로의 표시 방법

① 흑색 굵은 선

이 선은 전장 부품의 외부 배선을 표시하며, 항상 통전 또는 도통하였을 때의 회로와 접지 회로를 표시한다.

② 흑색 가는 실선

이 선은 전장 부품의 작동을 이해하기 쉽도록 전장 부품의 내부 회로를 표시한다. 내부의 접속은 전기적으로 접속되는 부분이지만 실제의 배선은 없다.

③ 물결무늬 선

이 선은 배선이 끊어져 있지만 전장 부품의 회로를 표시하는 이전 또는 다음 페이지로 연결되어 계속되는 회로를 표시한다.

④ 실드선

이 선은 배선에 전파 차단 보호막이 둘러싸여 있는 것을 표시한다.

(2) 회로의 교차

① 교차점에 검은 동그라미가 있는 회로

이 회로는 교차하고 있는 배선은 분리할 수 없는 납땜 등으로 접속되어 있다는 것을 표시한다.

② 교차점에 검은 동그라미가 없는 회로

이 회로는 교차는 하고 있으나 접속되어 있지 않다는 것을 표시한다.

2 접지earth의 기호

하니스harness를 거쳐서 차체에 접지되는 경우와 하니스를 거치지 않고 전장 부품의 장치 자체가 접지되어 있는 경우로 구별하고 있다.

① 차체 접지(하니스를 거쳐서 접지되는 경우)

이 경우 기호는 동그라미 내에 검은색 원으로 표시되어 있다. 그림의 G08은 접지 점을 표시한다. G08에 관련되어 있는 부품은 접지 배분도를 참조하면 이해할 수 있으며, 실제 자동차에서의 접지 위치는 구성 부품 위치도를 참조하면 이해할 수 있다.

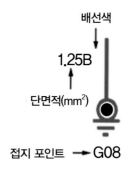

배선색

1.25B

단면적(mm²)

접지 포인트 → G08

② 전장 부품 접지(전장 부품의 장치가 접지되는 경우)

이 경우는 기호의 동그라미가 검은색으로 전장 부품의 기호에 맞물려 있도록 표시한다. 전장 부품의 설치 자체가 접지되는 것을 표시한다.

③ 컴퓨터(ECU) 내의 접지

④ 구성 부품 자체에 스크루(볼트)단자를 나타낸다.

③ 퓨즈 및 퓨즈블 링크 기호

① 릴레이 박스 내의 퓨즈 기호

엔진 룸engine room 또는 실내의 릴레이 박스에 설치되어 있는 퓨즈의 보호 회로를 표시하며, 전장 부품의 명칭과 정격 용량이 표시되어 있다. 그리고 전기 회로집의 전원 배분도에서 보호하는 전장 부품을 확인할 수 있다

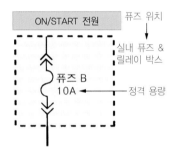

② 퓨즈 박스 내의 퓨즈 기호

실내의 퓨즈 박스에 설치되어 있는 퓨즈의 보호 회로를 표시하며, 퓨즈의 넘버와 정격 용량이 표시되어 있다. 그리고 전기 회로집의 퓨즈 배분도에서 보호하는 회로를 확인할 수 있다.

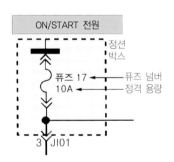

③ 퓨즈블 링크의 기호

엔진 룸 또는 실내의 릴레이 박스에 설치되어 있는 퓨즈블 링크를 표시하며, 보호하는 전장 부품의 명칭과 정격 용량이 표시되어 있다. 그리고 전기 회로집의 전원 배분도에서 보호하는 전장 부품을 확인할 수 있다.

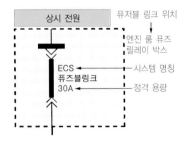

④ 커넥터 기호

① 중간 커넥터

하니스와 하니스를 접속하는 커넥터에는 회로의 왼쪽에 해당 핀 넘버와 회로의 오른쪽에 부착 위치 및 커넥터 넘버가 표시되어 있다. 그림 중 위 화살표가 수雌 커넥터 단자, 아래가 암雄 커넥터 단자를 나타낸다.

② 전장 부품 커넥터

하니스를 이용하지 않고 전장 부품 자체에 직접 단자가 설치되어 있는 커넥터이며, 암雄 단자를 연결하는 점선은 같은 커넥터를 표시한다. 1, 2, 3, 4의 숫자는 커넥터 단자의 넘버, E31은 설치 위치와 커넥터 넘버 및 전장 부품의 명칭이 표시되어 있다.

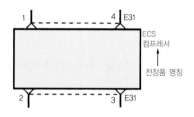

③ 전장 부품의 하니스 커넥터

전장 부품에서 외부로 일정 길이의 하니스에 커넥터가 설치된 것을 표시한다. 수雌 단자를 연결하는 점선은 같은 커넥터를 표시하며, 설치 위치와 커넥터 넘버 및 전장 부품의 명칭이 표시되어 있다.

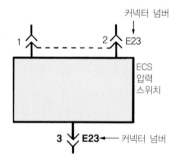

④ 점검용 커넥터

전장 부품이 부착되어 있지 않기 때문에 하니스 쪽 커넥터 기호만 표시한다. 수雌 단자를 연결하는 점선은 같은 커넥터를 표시하며, 단자 넘버 및 부착 위치와 커넥터 넘버가 표시되어 있다.

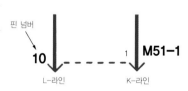

⑤ 배선 기호

① 물결무늬 선

회로는 끊어져(단선) 있지만, 이전 또는 다음 페이지에 연결되어 계속된다는 것을 나타낸다.

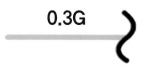

② 배선색 기호

0.5는 단면적($0.5mm^2$)을 나타낸 것이고 Y는 바탕색으로 노란색, R은 적색 줄 무늬색을 나타낸다.

③ 전류의 입·출력 기호

흐름이 삼각형 내부에 동일 문자를 갖는 동일 페이지 또는 다른 페이지의 화살표로 연결된 것을 나타낸 것. 화살표 방향으로 전류가 흐르는 방향임을 나타낸 것이다.

④ 참조 회로 기호

완전한 전기 회로를 나타내는 위치를 참조할 수 있도록 검은색 화살표 쪽에 나타낸다.

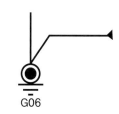

⑤ 선택 사양의 기호

선택 사양 또는 다른 차종에 대한 배선의 흐름을 나타낸다.(해당 사양에 따라 회로를 선택하도록 나타낸다)

6 전장 부품 기호

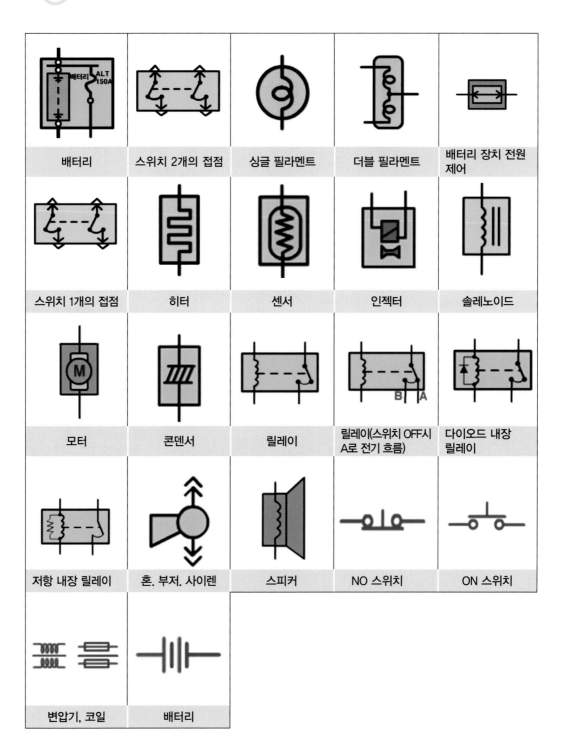

배터리	스위치 2개의 접점	싱글 필라멘트	더블 필라멘트	배터리 장치 전원 제어
스위치 1개의 접점	히터	센서	인젝터	솔레노이드
모터	콘덴서	릴레이	릴레이(스위치 OFF시 A로 전기 흐름)	다이오드 내장 릴레이
저항 내장 릴레이	혼. 부저. 사이렌	스피커	NO 스위치	ON 스위치
변압기, 코일	배터리			

⑦ 반도체 기호

① 서미스터[thermister]

외부 온도에 따라 저항값 변함, 정특성 서마스터 및 부특성 서미스터 주로 온도계에 사용

② 다이오드[Diode]

PN 접촉으로 한쪽 방향으로 전류를 흐르게 함(발전기에서는 교류를 직류로 바꾸어 주고 발생된 전기를 내보내는 역할을 함)

③ 포토 다이오드[Photo Diode]

빛을 받으면 전기를 흐르게 할 수 있게 한다.

④ 발광 다이오드[LED]

전류가 흐르면 빛을 발생시킴

⑤ 제너 다이오드[ZenerDiode]

어떤 전압(브레이크 다운 전압, 제너 전압)에 이르면 역 방향으로 전류를 흐르게 하는 것.

⑥ NPN 트랜지스터[Ttansistor]

NPN 접합이며 스위칭, 증폭, 발진 작용하며 B에 전압을 가하면 C에서 E로 전기가 흐른다.

⑦ PNP 트랜지스터[Ttansistor]

PNP 접합이며 스위칭, 증폭, 발진 작용하며 B에 전압을 가하면 E에서 C로 전기가 흐른다.

⑧ **사이리스터**^{Silicon Controlled Rectifier}

PNPN의 4층 구조로 된 제어 정류기로서 케이트에 전압을 가하였다가 가해준 전압을 없애도 애노드에서 캐소드로 계속 전류 흐른다.

⑨ **압전 소자**^{Piezo−Electric Element}

힘을 받으면 전기가 발생하며 응력 게이지, 전자 라이터 등에 주로 사용

⑧ 논리 기호

① Logic OR(논리합)

논리 회로로서 입력부 A, B 중에 어느 하나라도 1이면 출력 C도 1이다.(1이란 전원이 인가된 상태, 0은 전원이 인가되지 않은 상태)

② Logic AND(논리적)

A 입력 A, B가 동시에 1이 되어야 출력 C도 1이며 하나라도 0이면 출력 C는 0이 된다.

③ Logic NOT(논리 부정)

A가 1이면 출력 C는 0이고 입력 A가 0일 때 출력 C는 1이 되는 회로.

④ Logic Compare(논리 비교기)

B에 기준 전압 1을 가해주고 입력 단자 A로부터 B보다 큰 1을 주면 동력 입력 D에서 C로 1신호가 나가고 B전압보다 작은 입력이 오면 0신호가 나감.(비교 회로)

⑤ Logic NOR(논리합 부정)

OR 회로의 반대 출력이 나온다. 즉, 둘 중 하나가 1이면 출력 C는 0이며 모두 0 이거나 하나만 0이어도 출력 C는 1이 된다.

⑥ Logic NAND(논리적 부정)

AND회로의 반대 출력이 나온다. A, B 모두 1이면 출력 C는 0이며, 모두 0이거나 하나만 0이어도 출력 C는 1이 된다.

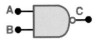

⑦ **직접회로** Integrated Circuit

I.C를 의미하며 A, B는 입력 C, D는 출력

10. 회로도 보는 방법

① **자동차의 전기 부하**電氣負荷, Electrical Loads

각종 전자 제어 장치(예: 전자 제어 연료 분사 장치)를 비롯해서 점화 장치, 등화 장치, 기동 전동기 및 각종 제어 기구 등 전기에너지를 소비하는 모든 장치들을 전기 부하라고 한다.

② **자동차의 전원**電源, Electrical Power Source**(발전기)**

엔진이 작동하는 동안에는 엔진에 의해서 구동되는 발전기가 전원이 되고, 엔진이 작동하지 않을 때는 배터리가 전원 공급원이 된다.

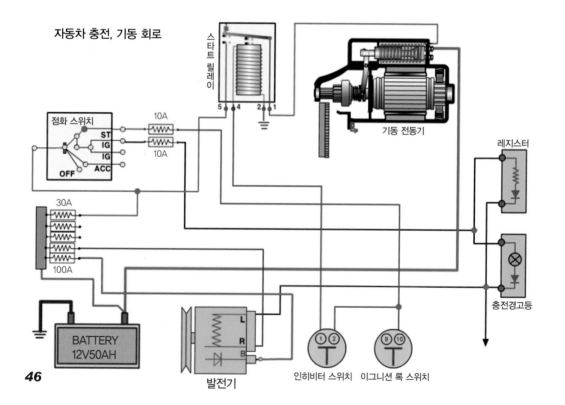

자동차 충전, 기동 회로

③ 자동차 키 박스 전원

자동차 회로도에서 ON 전원은 점화 스위치 IG에서 공급되는 전원이다.

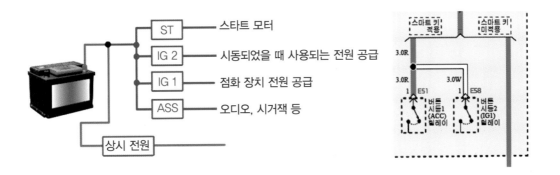

(1) 키 절환 방식 점화 스위치

구분	B⁺	ASS	IG 1	IG 2	ST
ASS	●	●			
IG 1	●	●	●	●	
IG 2	●	●	●	●	
ST	●	●	●	●	●

(2) 버튼 방식 점화 스위치

① ASS: 버튼 1번 누른다.

② IG 1, IG 2: 버튼 2번 누른다.

③ ST: 브레이크 밟고 버튼 누른다.

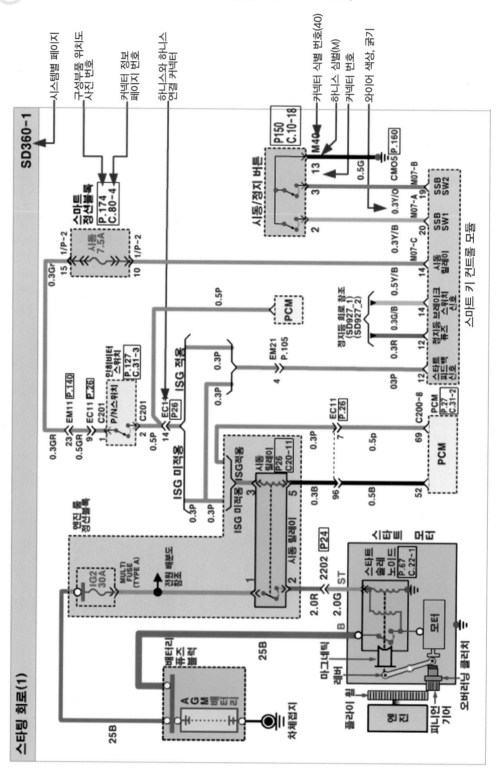

스타링 회로(1)

5 커넥터 정보

(1) 암 커넥터 번호는 오른쪽 위에서 왼쪽 밑으로 수 커넥터 번호는 좌측 위에서 오른쪽 밑으로 번호를 부여한다.

(2) 암 커넥터는 "F" 수 커넥터는 "M"으로 표기한다.

(3) 번호 표기(예시)

① G: 프런트 와이퍼 스위치 Lo

② P: 프런트 와이퍼 스위치 Hi

(4) 사용하지 않는 터미널 단자는(−)로 표기한다.

(5) 정비 지침서에는 단자 위치 그림(사진)이 표시되니 참고하기 바란다.

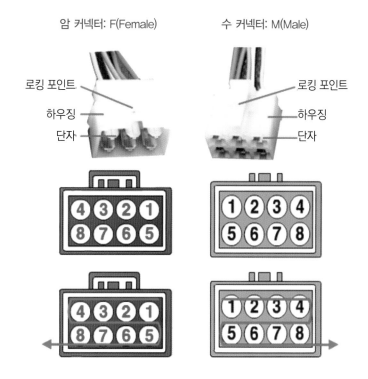

⑥ 하니스 심벌

각 하니스를 하니스 명칭. 장착 위치에 의해 분류하여 식별 심벌을 부여함

심벌	하니스 명칭	위치
C	컨트롤, 배압 조절 밸브, 저압력 EGR 밸브 하니스	엔진 룸
D	도어 하니스	도어
E	프런트, 배터리, 프런트 엔드 모듈, 프런트 범퍼 하니스	엔진 룸, 차량 앞
F	플로어, EBF 익스텐션 하니스	플로어, 콘솔
M	메인 하니스	실내, 크러시 패드
R	루프, 테일 케이드, 리어 범퍼 하니스	루프, 차량 뒤
S	시트 하니스	실내

※ 제작회사별. 차종에 따라 틀리므로 정비 지침서를 참조한다.

⑦ 커넥터 식별 번호

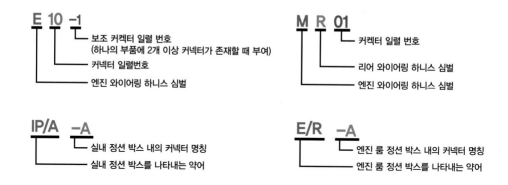

E 10 -1
└── 보조 커켁터 일렬 번호
    (하나의 부품에 2개 이상 커넥터가 존재할 때 부여)
└── 커넥터 일렬번호
└── 엔진 와이어링 하니스 심벌

M R 01
└── 커켁터 일렬 번호
└── 리어 와이어링 하니스 심벌
└── 엔진 와이어링 하니스 심벌

IP/A -A
└── 실내 정션 박스 내의 커넥터 명칭
└── 실내 정션 박스를 나타내는 약어

E/R -A
└── 엔진 룸 정션 박스 내의 커넥터 명칭
└── 엔진 룸 정션 박스를 나타내는 약어

11. 회로 제어 과정

① 입력 신호 제어

뇌의 역할 제어기

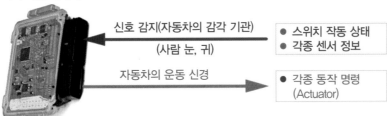

신호 감지(자동차의 감각 기관)

(사람 눈, 귀)

● 스위치 작동 상태
● 각종 센서 정보

자동차의 운동 신경

● 각종 동작 명령
  (Actuator)

- 참고(예): 엔진 제어

입 력	제 어	출력(동작)(액추에이터)
• 공기 유량 센서(AFS) • 흡기 온도 센서(ATS) • 스로틀 포지션 센서(TPS) • 공회전 스위치(Idle S/W)신호 • 산소 센서 1. 2(O_2 센서) • 노크 센서 • 1번 상사점 센서(CMPS) • 크랭크 위치 센서(CKPS) • 냉각 수온 센서(WTS) • 차속 센서(VSS) • 엔진 회전수 신호 • IG 스위치 신호 • 브레이크 • 클러치 스위치 • P.N 스위치(인히비터 스위치) • 에어컨 스위치	▶ ECU (ECM) (PCM) ▶	• 인젝터 • 아이들 스피드 액추에이터(ISA) • 퍼지 컨트롤 솔레노이드 밸브 (PCSV) • 연료 펌프 릴레이 • 에어컨 릴레이 • 점화 코일(파워 T.R) • 점화시기 제어 • 노킹 제어 • 자기 진단 출력 • 쿨링 팬 릴레이 • 에어컨 및 콘텐서 팬 릴레이 • 메인 릴레이 제어

② 입력 신호 제어 방식

• 스위치가 작동할 때 제어기가 인식하는 전압이 다르다.

(1) 풀업 방식

풀업 저항을 통해서 디지털 회로가 전원 +5V로 연결되어 있기 때문에 스위치가 OFF 되면 High(5V) 상태가 된다. 입력 상태가 되는 것이다. 스위치가 ON 되면 Low 상태가 된다. 버튼이 GND와 연결되어 있어서, 전원으로부터 전류가 디지털 회로로 가지 않고 모두 버튼 쪽으로 흘러가게 되기 때문에 0V가 된다.

그리고 풀업 저항이 없으면 스위칭시 과도한 전류가 흐를 개연성이 많기 때문에, 디바이스의 회로에 안 좋은 영향을 끼칠 수가 있다. 이런 문제도 풀업(또는 풀다운) 저항으로 해결할 수가 있다.

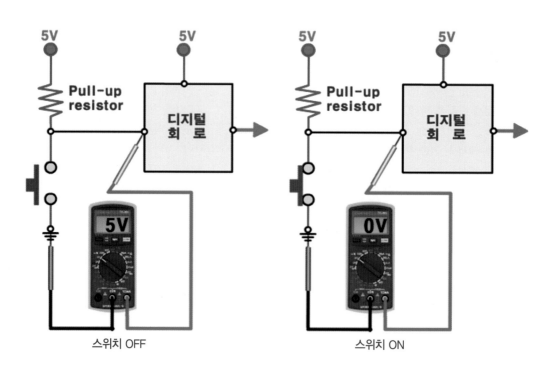

스위치 OFF   스위치 ON

(2) 풀다운 방식

풀다운 방식은 스위치가 OFF 될 때, 논리적으로 Low 레벨 상태를 유지하기 위해 신호의 입력·출력 단자와 접지 단자 사이에 접속하는 스위치가 풀다운 저항이 풀업과는 반대로 연결되어 있다. 즉, 스위치와 저항의 위치가 풀업과는 다르게 바뀌어 있다.

그래서 스위치가 OFF 되면 Low 상태가 되고, 스위치가 ON 되면 High 상태가 된다. 일반적으로 MCU의 입력부분에는 저항이 달려있는데, 풀업, 풀다운 저항보다 아주 아주 큰 값 이므로 전압 분배 법칙에 의해 대부분의 전압이 MCU의 입력 부분으로 흘러 Hi 상태가 된다.

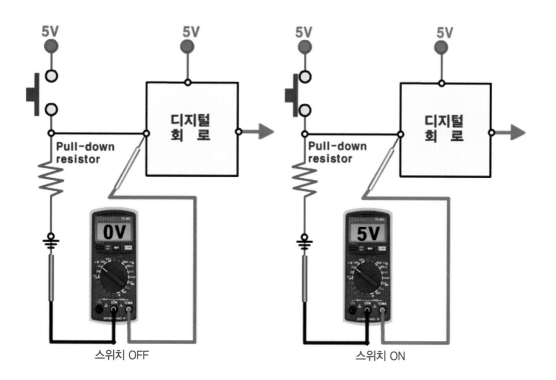

(3) 스트로브 방식

스트로브 방식은 0V가 400ms 이상 유지될 때 스위치 ON으로 판정한다.

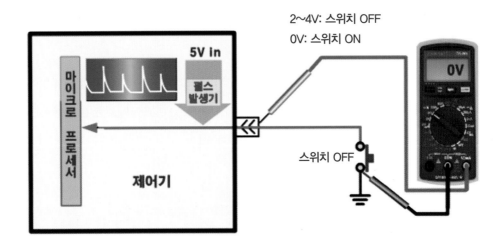

(4) 입력 신호 제어

- 제어기가 센서로 전원을 공급한다.
- 센서 원리에 따라 저항값이 변화되면 공급 전압이 변화한다.
- 제어기에서는 공급 전압값을 감시한다.

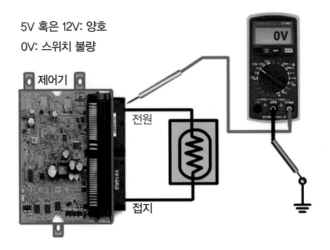

(5) 출력 신호 변화에 따른 제어

- 제어기가 센서로 전원을 공급한다.
- 센서 원리에 따라 저항값이 변화되면 신호(출력) 전압값이 변화된다.
- 제어기에서는 출력 전압값을 감시한다.

0.1~4.9V: 양호

5V: 불량

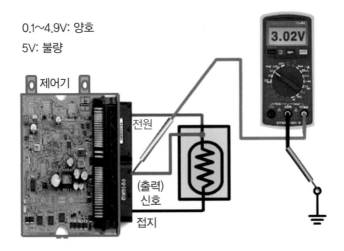

③ 출력 신호 제어(제어기 출력: 액추에이터)

(1) 전원 제어 회로

● 증발가스 제어 회로

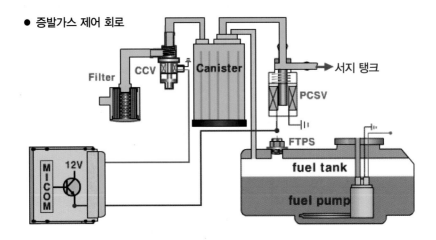

(2) 릴레이 및 접지 제어 회로

① 제어기에서 컨트롤 릴레이를 접지 제어하여 컨트롤 릴레이 작동(IG 스위치 ON)

② 제어기에서 크랭각 센서 및 캠각 센서 신호를 받아 인젝터 접지에 연결

③ 인젝터가 배터리 전원에 연결되어 인젝터가 작동(분사)

● 인젝터 제어 회로

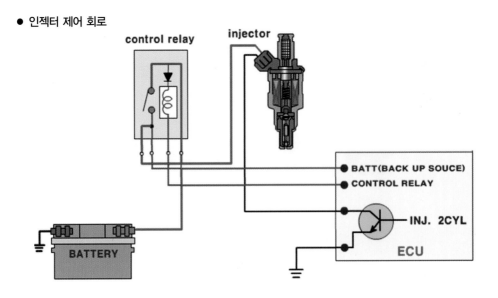

(3) IPS^{Intelligent Power Switching device} 제어 회로

IPS는 과전류 보호 기능과 대전류 제어 기능 등을 수행함으로써 퓨즈와 릴레이를 대체하고 있다.

① IPS기능

- 단선, 단락, 과부하 등에 따른 전류 값의 부족·과대를 감지하여 회로 차단

- 부하 전원 출력 단의 단선 및 단락 감지

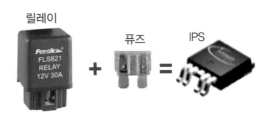

릴레이   퓨즈   IPS

② IPS특징

- 빠른 스위칭 제어 기능으로 ON·OFF 또는 PWM 출력 제어가 가능

- 소형이지만 다채널 제어가 가능하여, 많은 전기 부하를 동시에 제어 가능

- 릴레이 대비 10% 크기로 감소되어 공간 효율성이 향상됨

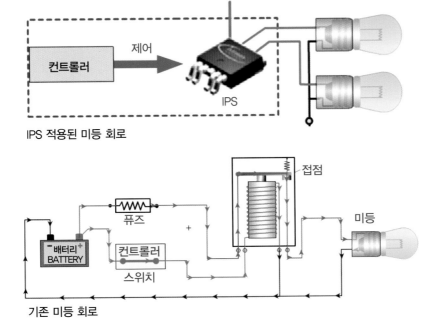

IPS 적용된 미등 회로

기존 미등 회로

(4) 듀티 제어

① **듀티:** 일정한 주기 동안에 전원이 ON 되는 시간의 비율

② **듀티 제어:** 전원의 ON시간을 조절하여 부하를 작동시키는 것

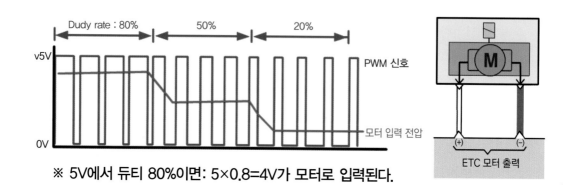

※ 5V에서 듀티 80%이면: 5×0.8=4V가 모터로 입력된다.

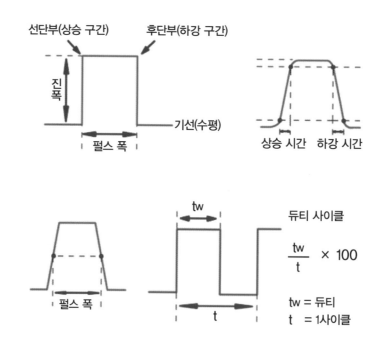

12. 퓨즈 & 릴레이 점검

① 보디 전장 계통 점검

① 각종 전기 장치를 정비하는 경우에는 점화 스위치 및 각종 전기 장치의 스위치를 OFF시키고 배터리의 (−)터미널을 먼저 분리시킨다.

🏠 TIP

MPI, ECL 시스템 단계에 있어서 배터리 케이블을 분리시키면 컴퓨터의 코드가 삭제되므로 배터리 터미널을 분리하기 전에 자기 진단 코드를 확인하여야 한다.

② 각종 배선은 클램프로 완전히 고정하여야 하며, 엔진 등과 같이 유동이 있는 부분의 배선은 주위 부품에 접촉되지 않는 범위 내에서 고정하여야 한다.

배터리 (−)터미널 분리

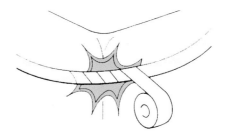

배선 태이핑

배선의 고정

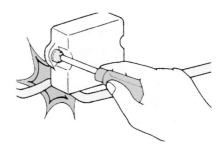

부품 장착시 와이어링 주의

③ 와이어링 하니스의 일부가 날카로운 부위 또는 모서리에 접촉될 수 있는 부분은 테이프 등으로 감아 손상되지 않도록 한다.

④ 부품을 차량에 장착할 때는 와이어링 하니스가 찢기거나 손상을 받지 않도록 한다.

⑤ 센서, 릴레이 등 전자 부품은 강한 충격을 주거나 떨어뜨려서는 안 된다.

⑥ 전자 부품은 열에 약하므로(80℃) 고온에서 작업 시 부품에 열이 전달되지 않도록 보호 또는 탈착하고 정비에 임할 것.

⑦ 커넥터의 접속이 느슨한 경우는 고장의 원인이 되므로 커넥터의 연결을 확실히 할 것.

⑧ 배선 커넥터의 분리는 로크 장치를 누르고 커넥터를 잡아당겨야 하며, 접속은 딱 소리가 날 때까지 확실하게 삽입시킨다.

⑨ 멀티 테스터 및 회로 테스터기를 사용하여 점검하는 경우 배선 쪽으로 테스트 프로브를 끼울 것

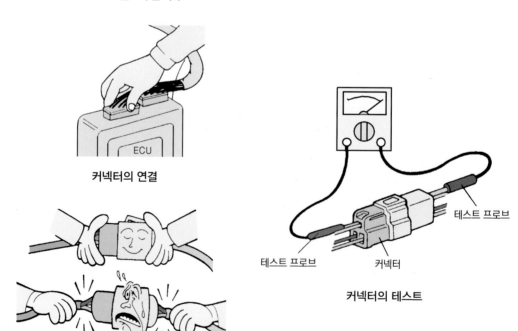

커넥터의 연결

커넥터의 분리

테스트 프로브

테스트 프로브   커넥터

커넥터의 테스트

❷ 배터리 케이블 점검

① 터미널이 완전히 잠겨있는지, 배터리 전해액에 의해 터미널 및 와이어가 부식 되었는지 여부를 점검한다.

② 연결부가 풀렸거나 부식 상태를 점검한다.

③ 배선 피복의 절연 및 균열, 손상, 변질 등을 점검한다.

④ 터미널 및 각종 노출 단자가 다른 금속 부품 또는 차체에 접촉하는가를 점검한다.

⑤ 접지 부위에서 고정 볼트와 차체가 완전히 통전 되는지 점검한다.

⑥ 배선이 고열 부위 또는 날카로운 부위를 지나지 않는지 점검한다.

⑦ 팬, 풀리, 벨트 및 기타 회전 부위와 적절한 간격을 유지하고 있는가를 점검한다.

⑧ 차체와 같은 고정 부분과 엔진 등과 같이 유동이 있는 부분 간의 와이어링은 진동을 위해 느슨하게 한 뒤 클램프로 고정한다.

배터리 케이블 상태 점검

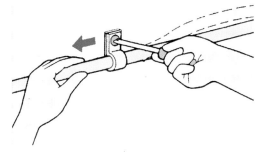

와이어링 고정

③ 퓨즈 점검

① 멀티 테스터 또는 회로 테스터를 이용하여 점검하기 전에 퓨즈블 링크를 분리한다.

② 퓨즈블 링크가 소손된 경우 회로 내의 결함 부분을 점검하고 원인을 파악한 후 교환한다.

③ 테스트 램프를 이용하는 경우 점화 스위치를 ON시킨 후 한쪽 리드선을 퓨즈의 테스트 탭에 접촉하고 다른 쪽을 접지시켜 테스트 램프가 점등되면 정상이다.

④ 퓨즈가 소손되어 교환하는 경우 동일 용량의 새 퓨즈로 교환하여야 한다.

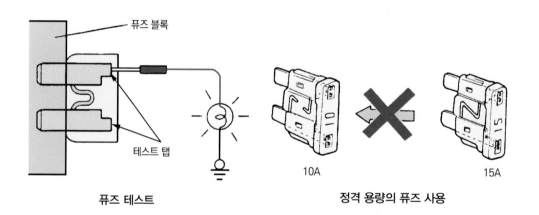

퓨즈 테스트   정격 용량의 퓨즈 사용

④ 파워 릴레이 점검

(1) A형 릴레이 점검(4극)

① 파워 릴레이 단자 3번과 4번 사이에 전원을 인가하였을 때 단자 1번과 2번 사이에 통전이 되는지 점검한다.

② 파워 릴레이 단자 3번과 4번 사이에 전원을 해지시켰을 때 단자 1번과 2번 사이에 불통 되는지 점검한다.

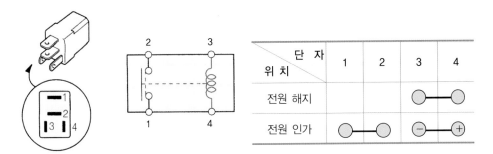

단 자 위 치	1	2	3	4
전원 해지			○────	────○
전원 인가	○────	────○	(−)──	──(+)

③ 3번과 4번 단자에 전원을 인가하면 릴레이가 자석이 되어 1번과 2번의 단자 접점이 붙는다. 접점이 붙으면 1번과 2번 단자의 도통 여부 점검한다.

> **참고**
> ECM에서 제어하는 릴레이는 전원을 인가할 때 5V 이하로 한다.(건전지 사용)

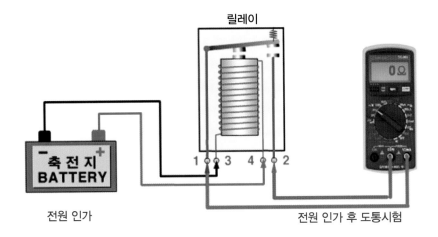

전원 인가   전원 인가 후 도통시험

(2) B형 릴레이 점검(5극)

① 파워 릴레이 단자 3번과 5번 사이에 전원을 인가하였을 때 단자 1번과 2번 사이에 통전이 되는지 점검한다.

② 파워 릴레이 단자 3번과 5번 사이에 전원을 해지시켰을 때 단자 1번과 4번 사이에 통전이 되는지 점검한다.

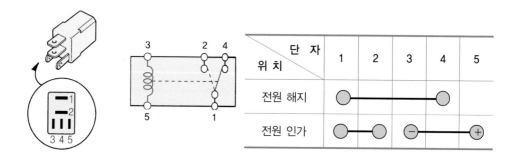

단 자 위 치	1	2	3	4	5
전원 해지	○━━━━━━━○				
전원 인가	○━━━○		⊖━━━		━━⊕

(3) C형 파워 릴레이 점검(4극)

① 파워 릴레이 단자 2번과 3번 사이에 전원을 인가하였을 때 단자 1번과 4번 사이에 통전이 되는지 점검한다.

② 파워 릴레이 단자 2번과 3번 사이에 전원을 해지시켰을 때 단자 1번과 4번 사이에 불통이 되는지 점검한다.

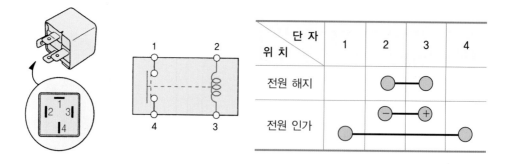

단 자 위 치	1	2	3	4
전원 해지		○━━━○		
전원 인가	○━━━━━	⊖━━⊕		━━━○

(4) D형 릴레이 점검(5극)

① 파워 릴레이 단자 2번과 4번 사이에 전원을 인가하였을 때 단자 1번과 5번 사이에 통전이 되는지 점검한다.

② 파워 릴레이 단자 2번과 4번 사이에 전원을 해지시켰을 때 단자 3번과 5번 사이에 통전이 되는지 점검한다.

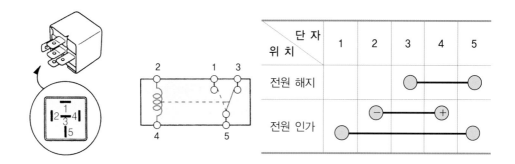

단 자 위 치	1	2	3	4	5
전원 해지			●		●
전원 인가	●	−		+	●

13. 옴·줄·키르히호프의 법칙을 응용한 회로 점검 기초

① 옴의 법칙

$$E = I \times R \qquad I = \frac{E}{R} \qquad R = \frac{E}{I}$$

- I : 전류의 세기 intensity of current 의 약자.
- E : 전압(전기적인 힘 Electrical force)의 약자.
- R : 저항 Resistance 의 약자.

② 줄의 법칙

E(V)의 전압을 가하여 I(A)의 전류를 흐르게 할 경우 전력 P(W)는 $\boxed{P = E \times I\,(W)}$

만약, I(A)의 전류가 R(Ω)의 저항 속을 흐른다면 E = I × R의 관계가 있으므로

$\boxed{P = I^2 \times R}$ 이 되어 전력은 모든 저항에 소비된다는 것을 알 수 있다.

또 $P = \dfrac{E}{R}$ 의 관계가 있으므로 $\boxed{P = \dfrac{E^2}{R}}$

③ 키르히호프의 법칙 Kirchhoff's Law

(1) 키르히호프의 제1 법칙

이 법칙은 전류에 관한 공식으로서 회로 내의 어떤 한 점에 유입된 전류의 총합과 유출한 전류의 총합은 같다. 이러한 관계를 키르히호프의 제1 법칙이라 한다.

(2) 키르히호프의 제2 법칙

임의의 폐회로에 있어 기전력의 총합과 저항에 의한 전압 강하의 총합은 같다.

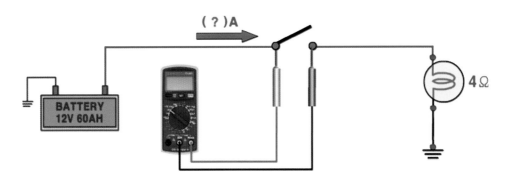

예제1

아래 회로에서 스위치 ON 하였을 때 흐르는 전류는 얼마인가? (옴의 법칙)

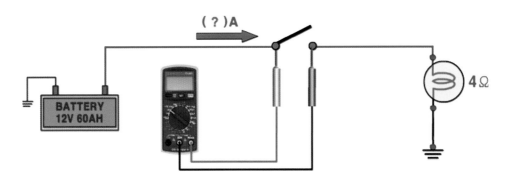

풀이

- $I = E/R = 12/4 = 3A$

예제2

아래 회로에서 전구 양단에 걸리는 전압은 얼마인가? (옴의 법칙)

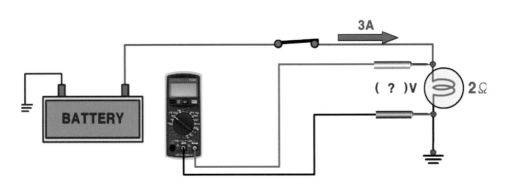

풀이

- $E = I \times R$에서 $3 \times 2 = 6V$

🔒 예제3

아래 회로에서 "A", "B"에 흐르는 전류는 얼마인가? (옴의 법칙에서 병렬회로)

🔒 예제4

아래 회로에서 "퓨즈 1, 2" 용량은 얼마인가? (안전율 1.5배)

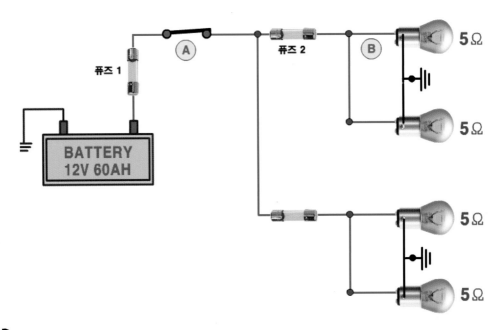

🔒예제3 풀이

• A의 합성저항 $= \dfrac{1}{\dfrac{1}{5}+\dfrac{1}{5}+\dfrac{1}{5}+\dfrac{1}{5}} = 1.25\Omega$ A의 전류 $I = E/R$에서 $12\,V/1.25\Omega = 9.6A$

  B의 전류 $I = E/R$에서 $12\,V/5\Omega = 2.4A$

🔒예제4 풀이

• 퓨즈 1 용량: A에 흐르는 전류 $\times 1.5$배 $= 14.4A \fallingdotseq 15A$

  퓨즈 2 용량: B에 흐르는 전류 $\times 1.5$배 $= 3.6A \times$ 전구2개 $= 7.2 \fallingdotseq 7.5A$

예제5

아래 회로에서 "A"에 흐르는 전류는 얼마인가? (줄의 법칙에서 병렬회로)

예제6

아래 회로에서 "B"에 흐르는 전류는 얼마인가? (줄의 법칙에서 병렬회로)

예제7

아래 회로에서 전구 "C"양단 걸리는 전압은 얼마인가? (줄의 법칙에서 병렬회로)

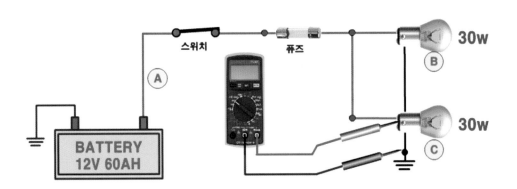

예제5 풀이

• "A"에 흐르는 전류: $P = EI$에서 $I = \dfrac{P}{E}$ $\therefore$ $\dfrac{60\,W}{12\,V} = 5A$

예제6 풀이

• 전구 "B"에 흐르는 전류: $P = EI$에서 $I = \dfrac{P}{E}$ $\therefore$ $\dfrac{30\,W}{12\,V} = 2.5A$

예제7 풀이

• $P = EI$에서 $E = \dfrac{P}{I}$ $\therefore$ $\dfrac{30\,W}{2.5A} = 12\,V$

⌨ 예제 8

아래 회로에서 "A", "B"에 흐르는 전류는 얼마인가? (직렬회로 및 키르히호프 법칙)

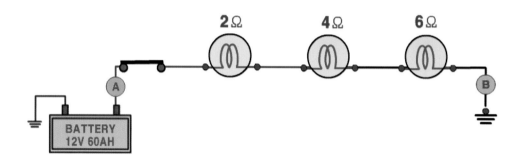

👤풀이

- 합성 저항 : $2 + 4 + 6 = 12\Omega$

    A에 흐르는 전류 : $E = IR$ 에서 $I = \dfrac{E}{R}$ $\therefore \dfrac{12V}{12\Omega} = 1A$

- $E = IR$ 에서 $I = \dfrac{E}{R}$ $\therefore \dfrac{12V}{12\Omega} = 1A$

【키르히호프의 제 1법칙에 의해 회로 내의 어떠한 한점에 유입된 전류(1A)의 총합과 유출한 전류(1A)의 총합은 같으므로 "B"에 흐르는 전류는(1A)이다】

70

아래 회로에서 "A" "B" "C" "D" 각 지점의 전압은 얼마인가? (직렬회로 및 키르히호프 법칙)

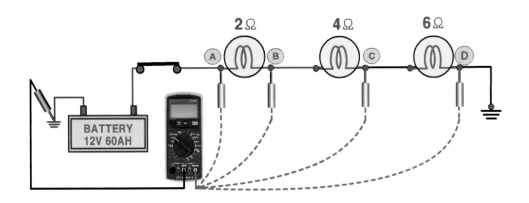

■ 풀이

* $I = \dfrac{E}{R}$ ∴ $\dfrac{12\,V}{12\,\Omega} = 1A$

   "A"지점에 흐르는 전압: $12\,V$

   "B"지점에 흐르는 전압: $12\,V - (2\,\Omega \times 1A) = 8\,V$

   "C"지점에 흐르는 전압: $12\,V - (6\,\Omega \times 1A) = 6\,V$

   "D"지점에 흐르는 전압: $12\,V - (12\,\Omega \times 1A) = 0\,V$

※ 키르히호프의 제2법칙에서 임의의 폐회로에 있어 기전력의 총합(12V)과 저항에 의한 전압 강하(12V – 12V = 0V)의 총합은 같다"

14. 선간 전압(접촉 저항)

예제 1

아래 회로에서 스위치 ON하고 (+)배선의 선간 전압을 측정하였을 때 측정값은 얼마인가? (회로는 정상회로: 배터리 (+)부터 전구까지 저항은 0)

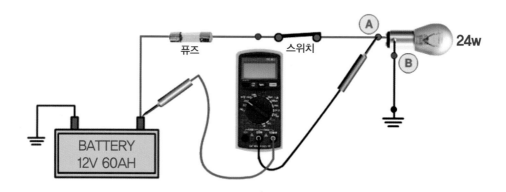

풀이

- 0.2V 이하 정상, 0.2V 이상이면 배터리 (+)단자에서 "A" 지점까지 저항이 있다.

해설

- 접촉 저항$^{Contact\ resistance}$은 물질 자체가 가지고 있는 고유 저항값이 아니라 전극이나 연결부와 같은 외부의 다른 물질과 접촉하여 발생하는 저항이며, 자동차 배선의 선간 전압은 배선 연결 부분의 접촉 불량으로 인한 저항이며, 배선의 선간 전압은 0.2V 이하가 정상이며, 0.2V 이상 나오면 아래의 사항을 점검하여야 한다.
  ① 커넥터 접촉 불량으로 인한 저항
  ② 스위치 불량으로 인한 저항
  ③ 배선 연결 터미널 접촉 불량으로 인한 저항
  ④ 배선의 눌림으로 인한 저항

아래의 회로에서 배터리 (+)단자부터 전구까지 배선 연결 부위에 저항이 2Ω이 생겼을 때 측정값은 얼마인가? (커넥터 접속 불량, 스위치 불량, 배터리 터미널 불량. 배선 눌림 등으로 인한 저항)

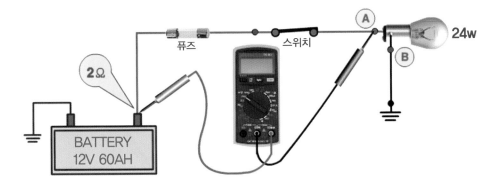

👤🔒 풀이

- 합성저항: + 2Ω= 6Ω + 2Ω= 8Ω
- 24W 저항: 12V/2A = 6Ω
- 비정상 회로 흐르는 전류: 12V/8Ω = 1.5A
- 정상 회로에 흐르는 전류: 24W/12V = 2A
- 전체 전항 = 8Ω
- 테스터 전압: 12V −(1.5A X 2Ω) = 9V

아래의 회로에서 퓨즈가 단선이 생겼다면 테스터 전압은 얼마인가?

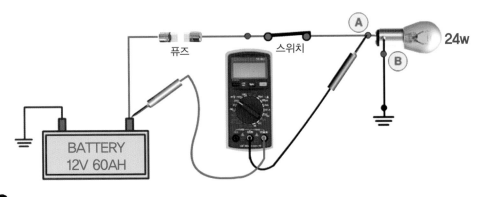

👤🔒 풀이

- 커넥터 탈거. 퓨즈 단선. 스위치 불량 등이 있으면 배터리에서 직접 측정한 전압과 같은 전압이 나온다.(12V)

예제 4

아래 회로는 스위치 ON으로 하고 전구 (−)선의 선간 전압을 측정한 그림이다. 정상 회로에서 테스터 전압은 얼마인가?

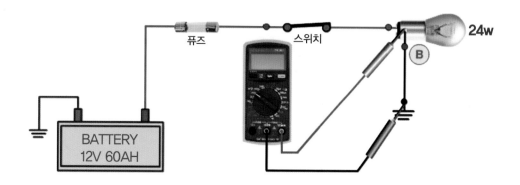

풀이

- 키르히호프의 제2 법칙에 따라 램프까지 12V의 기전력이 소비되고, 0V가 나와야 한다.
- 0.2V 이상 나오면 불량이다.
- 0.2V 이상 나오면 전구 커넥터나 접지 연결 상태가 불량하다.
- 12V가 나오면 측정 부위에서 접지까지 단선 되었으므로, 배선의 단선 혹은 커넥터 탈거, 접지의 연결 상태 등을 점검한다.

15. 회로 고장 진단법

① 고장 진단 순서

(1) 회로 고장 요소 파악

정확한 고장 진단을 위해 문제되는 회로의 구성 부품을 작동시킨 후 문제를 검토하고, 확실한 원인 파악 전에는 분해나 테스트를 시행하지 말아야 한다.

(2) 회로도의 판독 및 분석

회로도에서 고장 회로를 찾아 시스템 구성 부품의 전류 흐름을 파악하여 작업 방법을 결정한다. 작업 방법을 인식하지 못한 경우에는 회로 작동 참고서를 읽는다. 또한 고장 회로를 공유하는 다른 회로를 점검한다. 예를 들어 같은 퓨즈, 접지, 스위치 등을 공유하는 회로의 명칭을 각 회로도에서 참조한다.

공유 회로의 작동이 정상이면 고장 회로 자체의 문제이고 몇 개의 회로가 동시에 문제가 있으면 퓨즈나 접지 상의 문제일 것이다.

(3) 회로 구성 부품 검사

회로 테스트를 하여 2단계의 고장 진단을 점검한다. 효율적인 고장 진단은 논리적이고 단순한 과정으로 실시 되어야 한다. 고장 진단 힌트 또는 시스템 고장 진단표를 이용하여 확실한 원인을 파악한다. 가장 큰 원인으로 파악된 부분부터 테스트하며, 테스트가 쉬운 부분부터 한다.

(4) 고장 수리

고장이 발견되면 필요한 수리를 한다.

② 고장 진단 장비

(1) 전압계 및 테스트 램프

테스트 램프로 개략적인 전압을 점검한다. 아래 그림과 같이 테스트 한쪽 선을 접지시키고 스위치 ON 상태에서 전압이 나타나야 하는 회로를 따라 테스트 램프 연결시켜 테스트 램프가 점등되면 테스트 지점에 전압이 흐르는 것이다.

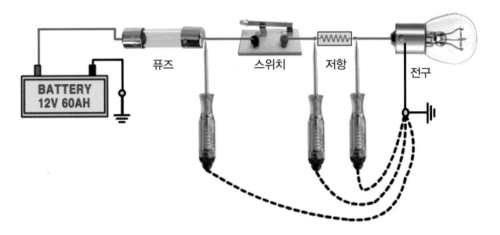

주의

반도체가 포함된 ECM과 같은 회로는 반드시 테스트 램프를 사용하지 말고, 디지털 볼트미터를 사용하여야 한다. 회로 테스트 램프 사용 시 내부 회로기를 손상될 수 있다. 디지털 볼트미터 사용 시 테스트 램프 사용과 같은 방법으로 사용한다.

(2) 전압 테스트

커넥터의 전압 측정 시에는 커넥터를 분리하지 말고 탐침을 커넥터 뒤쪽에서 꽂아 점검한다. 커넥터의 접속 표면 사이의 오염, 부식으로 전기적 문제가 발생할 수 있으므로 항시 커넥터의 양면을 점검하여야 한다. 전압계 사용 시 0.2V 이하로 전압이 낮다면 문제가(저항이) 있는 것이다.

(3) 배선 단락(쇼트) 테스트

① 배터리 (−)단자를 분리한다.

② 단락 테스트 한쪽 리드선을 구성품의 퓨즈 단자에 연결한다.(배터리 (−)단자를 탈거하지 않고 퓨즈 양단에 접속시키는 테스트도 있다)

③ 다른 한쪽 리드선을 접지시킨다.

④ 퓨즈 박스에서 근접해 있는 하니스부터 단락 테스트 탐칭봉을 15cm 간격을 두고 순차적으로 점검해 나간다.

⑤ 단락 테스트 램프가 열화되거나, 저항 기록 혹은 버저가 울리면 위치 점 주위의 와이어링이 단락된 것이다.

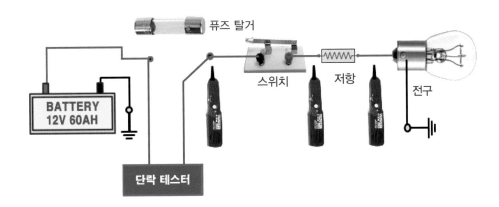

16. 릴레이 회로 고장 진단 방법

예제 1

아래 회로에서 릴레이를 탈거하고 ❶번 단자의 전압을 측정하였을 때 정상값은?

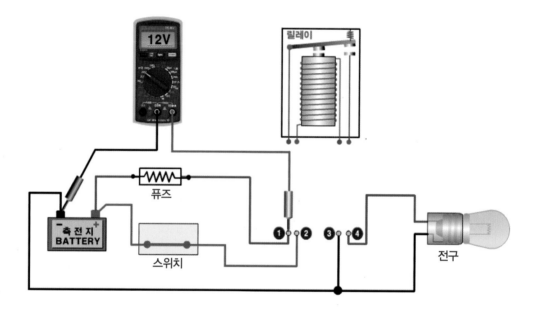

단자 번호	테스터 리드선 연결부	정상값
❶번 단자	• 테스터 (+)리드선 → 1번 단자 • 테스터 (-)리드선 → 접지	배터리 전압

고장요소

- 측정값이 0V이면 배터리 (+)단자부터 ❶번 단자까지 단선 되었으므로
- 배선의 단선, 커넥터의 이완, 퓨즈의 단선 등을 점검한다.
- 저항이 있으면 12V 이하가 나온다. 12V 이하가 나오면 커넥터 접촉 상태, 배선 눌림 등을 점검한다.

아래 회로에서 릴레이를 탈거하고 ❷번 단자의 전압을 측정하였을 때 정상값은?

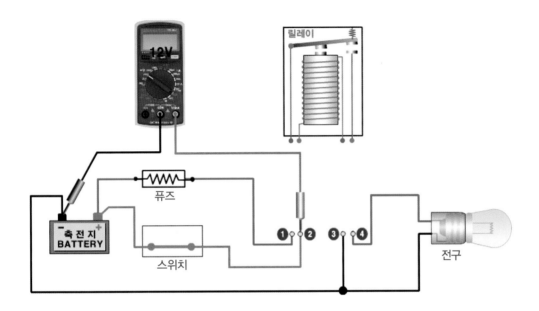

단자 번호	테스터 리드선 연결부	정상값
❷번 단자	• 테스터 (+)리드선 → ❷번 단자 • 테스터 (-)리드선 → 접지	배터리 전압

고장요소

• 측정값이 0V이면 배터리 (+)단자부터 ❷번 단자까지 단선 되었으므로

• 배선의 단선, 커넥터의 탈거, 스위치의 불량 등을 점검한다.

• 저항이 있으면 12V 이하가 나온다. 12V 이하가 나오면 커넥터 접촉 상태, 배선 눌림 등을 점검한다.

아래 회로에서 릴레이를 탈거하고 ❸번 단자의 전압을 측정하였을 때 정상 값은?

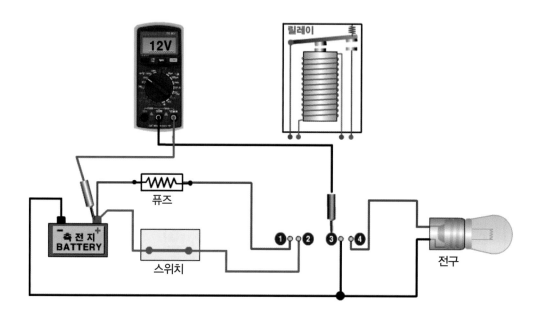

단자 번호	테스터 리드선 연결부	정상값
❸번 단자	• 테스터 (+)리드선 → 배터리 (+) • 테스터 (−)리드선 → ❸번 단자	배터리 전압

고장요소

• 측정값이 0V이면 배터리 (+)단자부터 ❸번 단자까지 단선 되었으므로
• 배선의 단선, 커넥터의 탈거. 스위치의 불량 등을 점검한다.
• 저항이 있으면 12V 이하가 나온다. 12V 이하가 나오면 커넥터 접촉 상태, 배선 눌림 등을 점검한다.

예제4

아래 회로에서 릴레이를 탈거하고 ❹번 단자의 전압을 측정하였을 때 정상값은?

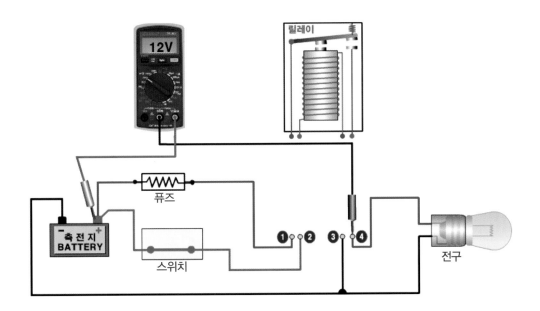

단자 번호	테스터 리드선 연결부	정상값
❹번 단자	• 테스터 (+)리드선 → 배터리 (+) • 테스터 (−)리드선 → ❹번 단자	배터리 전압

고장요소

• 측정값이 0V이면 ❹번 단자에서 배터리 (−)단자까지 단선 되었으므로

• 배선의 단선, 램프의 단선. 접지의 연결 불량 등을 점검한다.

• 저항이 있으면 12V 이하가 나온다, 12V 이하가 나오면 커넥터 접촉 상태, 배선 눌림
  등을 점검한다.

예제5

아래 언 폴딩 회로에서 테스트 (+) 프로브를 A, B, C, D, E, F, G 지점에서 각각 측정하였을 때 전압은? (모터 회로)

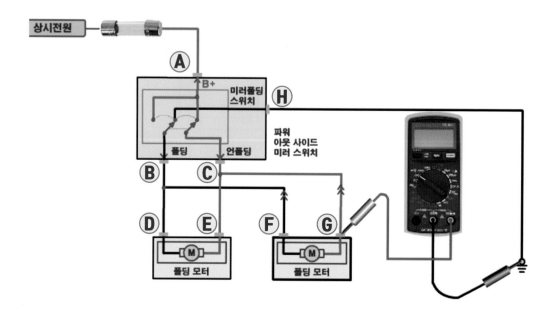

풀이

- 측정 정상 전압

A	B	C	D	E	F	G	H
12V	0V	12V	0V	12V	0V	12V	0V

17. IPS 회로 고장 진단법

예제1

아래 열선 회로에서 입력 요소 및 회로의 경로는?

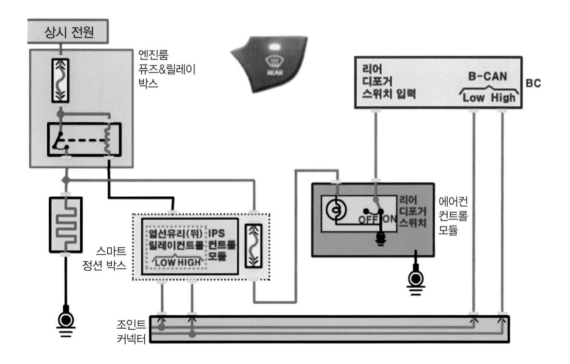

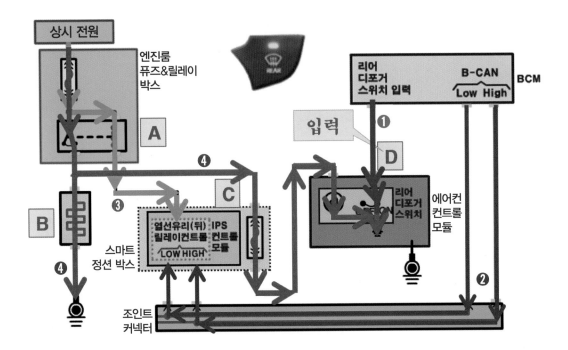

풀이

- 입력 요소 및 회로의 경로

❶ BCM 리어 디포거 스위치 입력 → 디포거 스위치 → 접지

❷ BCM → B–CAN 통신 → IPS 컨트롤 모듈(IPS가 열선 릴레이 접지 제어)

❸ 상시 전원 → 퓨즈 → 릴레이 → IPS→ 접지

❹ 상시 전원→ 퓨즈 → 릴레이 포인트 → 열선 → 접지

    └, 스마트 정션 박스 퓨즈 → 에어컨 컨트롤 모듈 램프 → 접지

▣ 입력 요소: D : BCM 리어 디포거 스위치 입력 → 리어 디포거 스위치

아래 회로에서 스위치 OFF에서 → ON 할 때 Body Control Module의 전압 변화 값은?

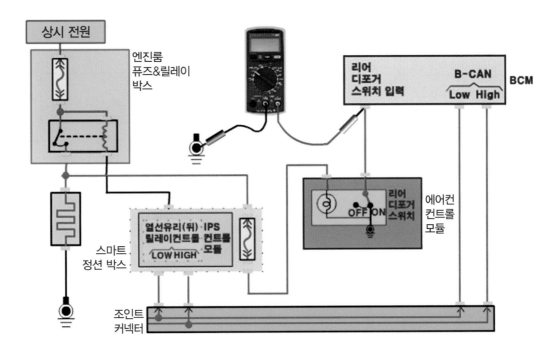

풀이

- 전압 변화값: OFF = 12V, ON = 0V

IPS 릴레이 회로에서 정상 작동 시 전압계 (−)프로브 접지시키고, (+)프로브 A, B, C, D에 각각 연결하여 측정하였을 때 전압은?

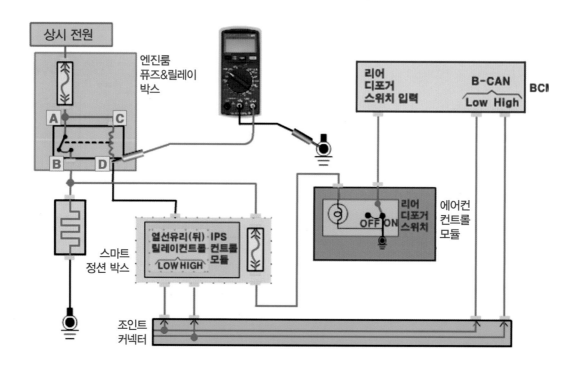

풀이

A	B	C	D
12V	12V	12V	12V

예제4

아래 IPS 회로에서 캔통신, 신호 감지, 풀업 방식, ISP 제어를 한다. 각 부분 4가지 제어 요소는?

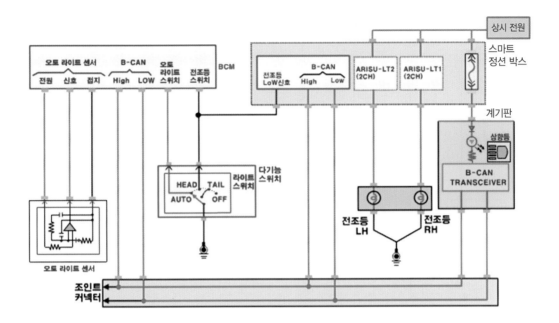

해설

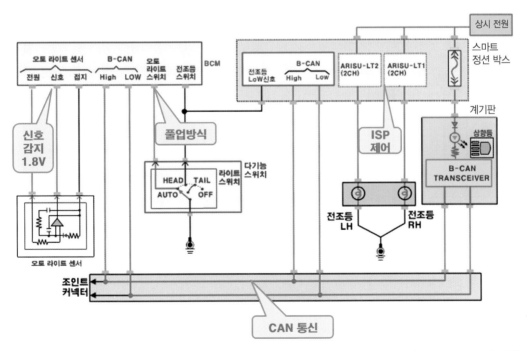

예제5

아래 IPS 헤드램프 자동 회로에서 라이트가 소등될 때 캔통신, 신호 감지, ISP 제어를 한다. 각 부분 3가지 제어 요소는?

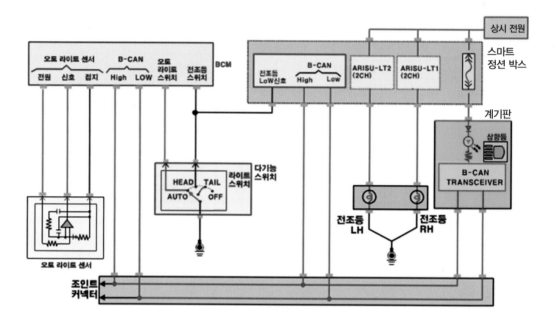

해설

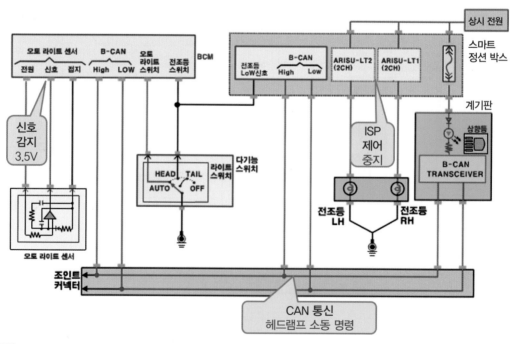

📖 예제 6

아래 IPS 회로에서 다기능 스위치 AUTO에 놓고 어두워졌을 때 전조등 LOW 회로
경로는?

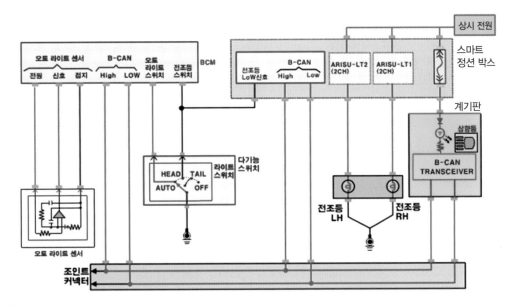

👤 해설

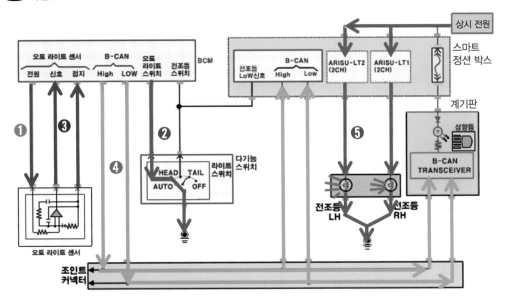

❶ 점화 스위치 IG ON시 센서 전원 입력

❷ 라이트 스위치 AUTO 선택: BCM 오토라이트 → 라이트 스위치 AUTO → 접지

❸ 오토라이트 센서에서 어두워 졌을 때: 오토라이트 센서 → BCM에 신호 입력

❹ BCM에서 B–CAN 통신 → 스마트 정션 박스 IPS에 신호 입력

❺ ARISU–LT1. 2 → 전조등 램프 → 접지

Lorem ipsum dolor sit amet, at mel mentitum appellan-
tur. In his ornatus adolescens, esse facilis accusata
cu his, usu cu impetus aperiri oporteat. Na nominavi
reprehendunt eam.

ECO

Lorem ipsum dolor sit amet, at mel mentitum appellan-
tur. In his ornatus adolescens, esse facilis accusata
cu his, usu cu impetus aperiri oporteat. Na nominavi
tincidunt reprehendunt eam.

>>01
LOREMIPSUM

Lorem ipsum dolor sit amet, at mel mentitum appellan-
tur. In his ornatus adolescens, esse facilis accusata
cu his, usu cu impetus aperiri oporteat. Na nominavi
tincidunt reprehendunt eam.

LOREM

54.

>>P

01   02   03

04   05   06

자동차 통신

01. 데이터 전송 기술 방식

① 전송 기술에 의한 방식

① **단방향 통신** 정보의 흐름이 한방향으로 일정하게 전달되는 통신 방식(라디오, TV)

② **반이중 통신** 정보의 흐름을 교환함으로써 양방향으로 통신을 할 수는 있지만, 동시에는 양방향으로 통신을 할 수 없다.(워키토키, 무전기)

③ **시리얼 통신** 1선으로 단방향과 양방향 모두 통신할 수 있다.(자동차 자기 진단 단자) (순차적 통신 나머지 무시)

④ **양방향 통신** 정보의 흐름이 동시에 양방향으로 전달되는 통신 방식이다.(전화기)

② 전송 방법에 의한 구분

데이터를 전송하는 방법에는 여러 개의 Data bit를 동시에 전송하는 병렬 통신과 한 번에 한 bit씩 전송하는 직렬 통신으로 나눌 수 있다

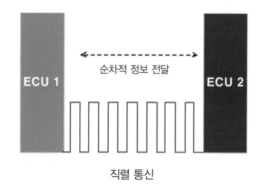

02. 자동차 주요 통신

1 LIN Local Interconnect Network

자동차 네트워크에서 컴포넌트들 사이의 통신을 위한 직렬 통신 시스템이며 통신선은 1선이다.

2 K-LINE 통신

과거에 사용하던 통신 방식으로 ECU와 직접적으로 신호를 주고받는 직렬 방식의 통신 방법이다.

3 KWP 2000

ISO 14230에서 정의한 프로토콜을 기반으로 차량 진단을 수행하는 통신 명으로, 기본적인 구성은 K-line과 동일하지만, 데이터 프레임 구조가 다르다.

4 CAN 통신

여러 개의 모듈을 병렬로 연결하여 데이터를 주고받는 고속 통신이며, 통신선은 2선을 사용한다.

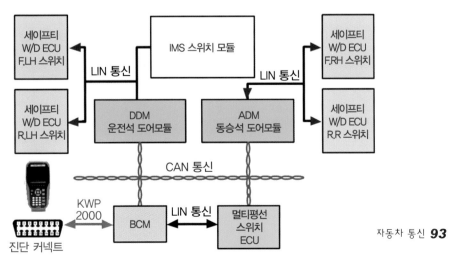

자동차 통신 **93**

03. LIN 통신

① LIN Local Interconnect Network 통신

CAN을 토대로 개발된 프로토콜로서 차량 내 Body 네트워크의 CAN 통신과 함께 시스템의 분산화를 위하여 사용된다. LIN은 네트워크상에서 Sensor 및 액추에이터 Actuator와 같은 간단한 기능의 ECU를 컨트롤하는데 사용되며, 적은 개발 비용으로 네트워크를 구성할 수 있다.

LIN 통신은 일반적으로 CAN 통신과 함께 사용되며, CAN 통신에 비하여 사용 범위가 제한적이다. 에탁스 제어 기능, 세이프티 파워윈도 제어, 리모컨 시동 제어, 도난 방지 기능, IMS 기능 등 많은 편의 사양에 적용되어 있다. 이처럼 많은 시스템들이 작동되기 위해서는 시스템 구동을 위한 전원 및 접지, 그리고 이와 관련된 각 스위치나 센서 신호들이 입력되어야 한다. 그러다 보면 배선이 많아지고 고장 발생 개소도 많아지는 것은 당연 한것이다. 이것을 보완하기 위해 통신을 적용, ECU들이 통신으로 데이터를 공유하도록 했다. 따라서 차량에 설치되는 배선의 무게가 줄어들었고, 진단 장비를 이용한 고장 진단이 가능해진 것이다.

2 LIN^{Local Interconnect Network} 통신 특징

① 자동차 내의 분기된 시스템을 위한 저비용의 통신 시스템이다.

② Single Wire 통신을 통해 비용을 절감한다.

③ SCI(UART) Data 구조 기반이다.

④ 20kbps까지 통신 속도를 지원한다.

⑤ 시그널 기반의 어플리케이션이 상호 작용을 한다.

⑥ Single Master·Multiple Slave

⑦ Slave 모드에서 크리스털 또는 세라믹 공진회로^{Resonator}가 없는 셀프 동기화 시스템이다.

⑧ 사전 계산이 가능한 신호 전송, 시간에 따른 신호 출력이 예측 가능한 시스템이다.

3 LIN 통신 구성 및 데이터 전송 방법

현재 TPMS를 구성하는 Master module과 Slave module 간의 데이터 전달용으로 사용되고 있다. Master·Slave 개념 존재, 통신 속도: 20Kbit/s

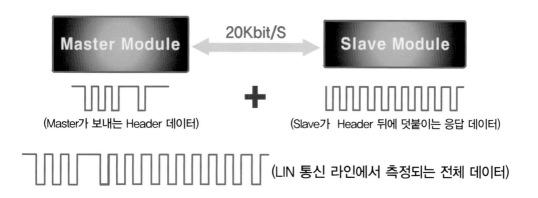

④ Master·Slave 개념

LIN 네트워크는 1개의 Master 노드와 여러 개의 Slave 노드로 구성되며, Master 노드는 Master Task와 Slave Task 두 부분으로 구성되며, Slave 노드는 Slave Task만을 포함하고 있다. Master Task는 LIN 버스 상에 어떤 노드가 데이터를 전송할지를 결정하고, Slave task는 Master Task에서 요청한 데이터 전송을 수행한다. 즉, CAN과 달리 LIN은 Master 노드에서 모든 네트워크 관리를 처리한다. LIN 통신은 차량 편의 장치에 주로 채용되는 통신 시스템으로, 단방향 통신과 양방향 통신 모두가 적용된다.

LIN 통신은 12V 기준 전압으로 1선으로 통신을 수행하고 마스터, 슬레이브 제어기가 구분되어 있다. 시스템에서 요구하는 일정한 주기로 마스터 제어기가 데이터의 요구 신호를 보내면 슬레이브 제어기는 **마스터 제어기가 보내는 신호**Header 뒤에 자신이 보내는 데이터를 덧붙여Response 통신을 완성한다.

⑤ LIN 통신 프레임

① **동기화 차단** 새로운 프레임의 시작을 알리며, 13bit의 우성 신호를 출력한다.

② **동기화** Slave의 동기화를 유도한다.

③ **식별자** 보내는 데이터의 ID를 지정한다.

④ **데이터** 제어기가 주고받는 실제 데이터이며 데이터량에 따라 길이가 달라진다.

⑤ **체크 썸** 데이터 검증을 위해 모든 데이터를 8bit의 덧셈과 나눗셈으로 계산 후 나머지 값을 가지고 검증한다.

⊙ LIN 통신 회로_1

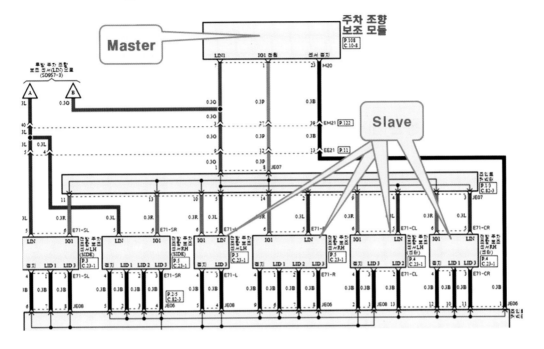

⊙ LIN 통신 회로_2

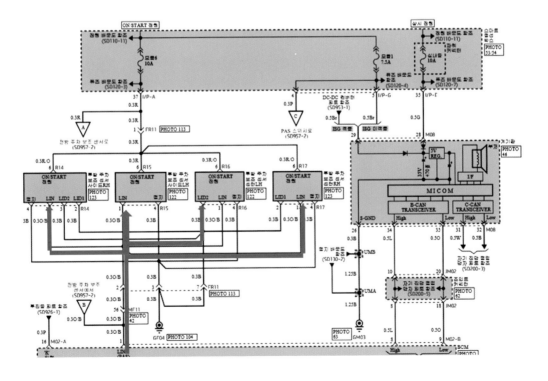

04. K-Line 통신

① K-line 통신 개요

ISO 9141에서 정의한 프로토콜을 기반으로 차량 진단On Board Diagnostics을 위한 라인의 이름으로, 흔히 K-line이라 부르며 구형 차종에 적용되었다. 차량이 전자화되기 시작하면서 진단 장비와 제어기 간의 통신을 위하여 적용되었으며, 진단 통신을 필요로하는 제어기 수가 적어서 진단 장비와 1:1 통신 위주로 진행되었다. 통신 주체가 확실히 구분되는 마스터 슬레이브Master/Slave 방식으로 통신이 이루어지며 슬레이브 제어기는 마스터 제어기의 신호에 따라 Wake-Up 요구·응답, 데이터 요구·응답을 반복하며 통신이 이루어진다. 통신 라인의 전압 특징은 약 12V를 기준으로 1선 통신을 수행한다. 기준 전압(1)과 (0)의 폭이 커서 외부 잡음에 강하지만 전송 속도가 느려 고속 통신에는 적용하지 않는다.

② K-line 구성

현재 스마트 키 & 버튼 시동 시스템 또는 이모빌라이저 적용 차량에서 엔진 제어기 EMS와 이모빌라이저 인증 통신에 사용되고 있다.

● K-line Master·Slave 개념

● Master·Slave 개념존재 통신속도: 4.8Kbit/s

3 K-line byte 통신주기 및 순서

① IG On Wake-Up 요청(엔진 제어기 → 이모빌라이저 제어기)한다.

② Wake-Up 및 데이터 수신 준비가 되었음을 전송(이모빌라이저 제어기 → 엔진 제어기)한다.

③ 인증 데이터 요구 및 응답한다.

● K-line byte 통신 주기 및 순서

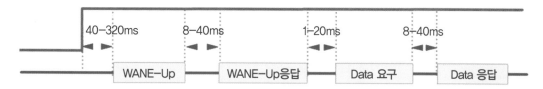

4 K-line BUS 전압 레벨

① 0V에서 12V 사이의 디지털 출력한다.

② 12V 기준으로 9.6V(80%)이상 열성('1'), 2.4V(20%)이하 우성('0')이다.

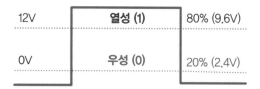

⑤ K-라인 점검 단자

자기 진단 점검 단자에서 K-라인, 바디 K-라인, C-CAN, M-CAN 회로를 점검할 수 있다.

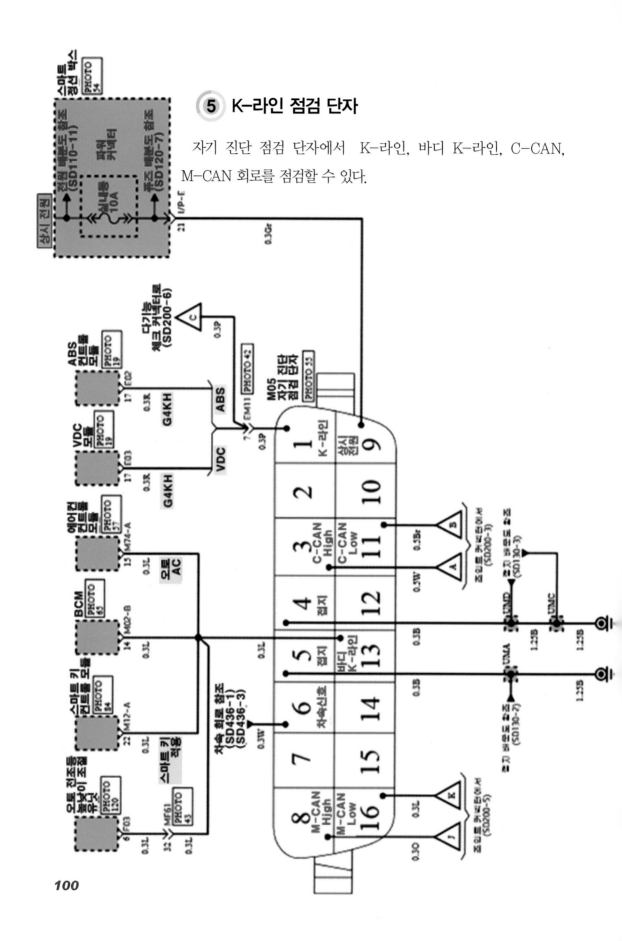

6 K-line 통신 정상 파형

⊙ K-line 통신 정상 파형

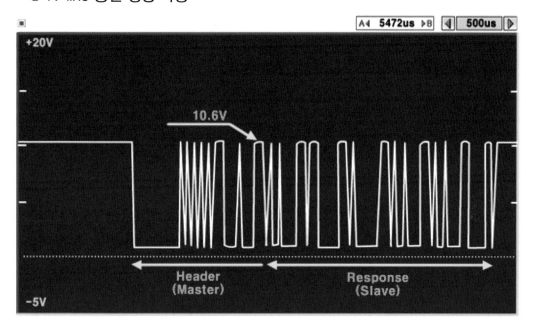

⊙ Slave 커넥터 탈거 후 파형

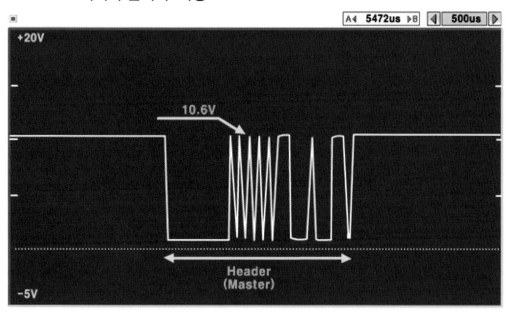

05. KWP 2000 통신

① KWP 2000 통신 개요

ISO 14230에서 정의한 프로토콜을 기반으로 차량 진단을 수행하는 통신 명으로, 기본적인 구성은 K-line과 동일하지만, 데이터 프레임 구조가 다르다.

진단 통신을 수행하는 제어기 수가 증가하면서 진단 장비가 여러 제어기기 또는 특정 제어기를 선택하여 통신할 수 있도록 구성 되었으며, 통신 속도가 10.4Kbit/s로 높아져 K-line 대비 빠른 데이터 출력이 가능하다. CAN 통신이 적용되면서 파워트레인과 바디 제어의 대다수 제어기가 CAN 통신으로 진단 통신을 수행하고 있어, 현재 CAN 통신이 적용되지 않는 제어기의 진단 통신용으로 사용된다.

② KWP 2000 구성

진단 장비와 제어기 사이의 진단 통신 중 CAN 통신을 사용하는 제어기를 제외한 제어기의 진단 통신을 지원한다.

● KWP 2000 제어로직

| Master 진단기 | 10.4Kbit/S → | Slave 제어 모듈 BCM |

● Master·Slave 개념 존재 통신속도: 10.4Kbit/s

→ | Slave 제어 모듈 EBS |

→ | Slave 제어 모듈 EBS |

3 KWP 2000 byte 통신주기 및 순서

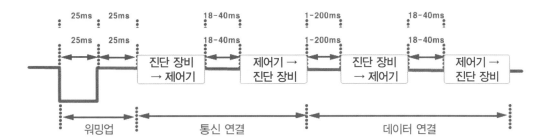

① 진단 통신 시작 시 Wake-Up 신호 전송(진단 장비에서 25ms 접지)한다.

② 진단 통신을 할 해당 제어기로 통신 연결 후 주기에 맞춰 데이터 통신한다.

③ 진단 장비는 1프레임을 나누어서 보내는 특징이 있다.

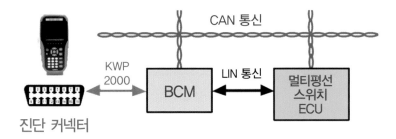

④ KWP 2000 통신 순서

① 진단 장비 → 초기화 요청   ② 모듈(ECU) → 통신 초기화

③ 진단 장비 → 통신 개시   ④ 모듈(ECU) → 통신 개시 응답

⑤ 진단 장비 → 테이터 요청   ⑥ 모듈(ECU) → 테이터 전송

⑦ 진단 장비 → 테이터 요청   ⑧ 모듈(ECU) → 테이터 전송

⑨ 진단 장비 → 통신 종료   ⑩ 모듈(ECU) → 통신 종료 응답

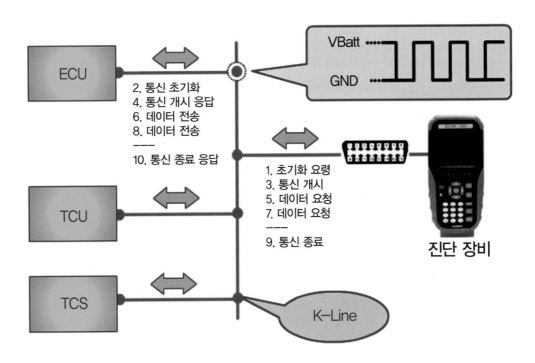

06. CAN 통신

1 CAN^{Controller Area Network} 통신 개요

① 차량용 컨트롤러의 적용 증가로 제어 모듈 간의 효율적인 정보의 공유를 위한 통신의 표준이 필요

② 80년대의 중반부터 BOSCH 사에서 제어기 간 통신 사양을 표준화하여 점차 유럽 표준으로 발전

③ 제어 모듈 간의 네트워크 구현을 통한 다양한 제어 기능 개발 및 응용을 위한 기반

④ 공장 자동화 및 철도 등 이용 분야가 광범위화 되는 추세

2 CAN 특징

① **Multi-Master 방식:** 모든 CAN의 구성 모듈은 정보 메시지 전송에 자유 권한이 있음

② **통신 중재:** 메시지가 동시에 전송될 경우 중재 규칙에 의해 순서가 정해짐

③ 듀얼Dual 와이어 접속 방식의 통신선으로 구성이 간편함

④ 고속 통신이 가능함

⑤ **신뢰성·안정성:** 에러의 검출 및 처리 성능 우수

⑥ **통신 방식:** 비동기식 직렬 통신

⑦ **Low Speed CAN**: 125Kbps 이하, 바디 전장 계통의 데이터 통신에 용용

⑧ **High Speed CAN**: 125Kbps 이상, 실시간(Real Time) 제어에 응용(파워 트레인, 섀시)

③ CAN 통신 구성

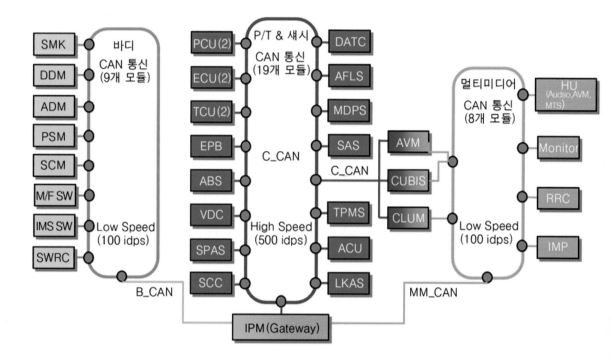

C_CAN	Chassis Controller Area Network	파워 트레인 CAN
B_CAN	Body Controller Area Network	바디 전장 CAN
MM_CAN	Multi media Controller Area Network	멀티 미디어 CAN

④ CAN 통신 약어

약어	용어 해설	의미
C_CAN	Chassis Controller Area Network	파워 트레인 CAN
B_CAN	Body Controller Area Network	바디 전장 CAN
MM_CAN	Multi media Controller Area Network	멀티 미디어 CAN
SMK	Smart Key ECU	스마트 키 ECU
DDM	Drive Door Module	운전석 도어 모듈
ADM	Assist Door Module	동승석 도어 모듈
PSM	Power Seat Module	IMS 파워 시트 모듈
SCM	Steering Column Module	IMS 스티어링 컬럼 모듈
IMSSW	Integrated Memory Switch	IMS 스위치
M/F SW	Multi-Function Switch	멀티 펑션스위치
SWRC	Steering Wheel Remote Controller	핸들 리모컨 스위치
PCU	Power-train Control Unit	ECU, TCU 통합 모듈
ECU	Engine Control Unit	엔진 제어 모듈
TCU	Transmission Control Unit	자동변속기 제어 모듈
EPB	Electronic Parking Brake	전자식 파킹 브레이크
ABS	Anti-lock Brake System	안티록 브레이크 시스템
VDC	Vehicle Stability Control	차체 자세 제어 장치
SPAS	Smart Parking Assist System	자동 주차 보조 시스템
SCC	Smart Cruise Control	전 속도 스마트 크루즈 제어
DATC	Dual Automatic Temp Control	듀얼모드 전 자동 에어컨
AFLS	Adaptive Front Lighting System	조명 가변형 전조등 시스템
MDPS	Motor Driven Power Steering	전동식 파워 스티어링
SAS	Steering Angle Sensor	조향각 센서
TPMS	Tire Pressure Monitoring System	타이어 공기압 경보 장치
ACU	Airbag Control Unit	에어백 컨트롤 유닛
LKAS	Lane Keeping Assistance System	차선 유지 보조 시스템
AVM	Around View Monitor	어라운드 뷰 모니터

약어	용어 해설	의미
CUBIS	Car Ubiquitous System	오토 케어-차량 관리 시스템
CLUM	Cluster Module	계기판
HU	Head Unit	헤드 유닛(오디오, AVN, MTS)
RRC	Rear Remote Control	뒷좌석 리모트 스위치

5 CAN 통신 Class 구분: SAE 정의 기준

항목	특징	적용 사례
Class A	1. 통신 속도: 10 Kbps 이하 2. 접지를 기준으로 1개의 와이어링으로 통신선 구성 기능 3. 응용 분야: 진단 통신, 바디 전장(도어, 시트, 파워 윈도우) 등의 구동 신호 & 스위치 등의 입력 신호	1. K-라인 통신 2. LIN 통신
Class B	1. 통신 속도: 40 Kbps 내외 2. Class A 보다 많은 정보의 전송이 필요한 경우에 사용 3. 응용 분야: 바디 전장 모듈 간의 정보 교환, 클러스트 등	1. J1850 2. 저속 CAN 통신
Class C	1. 통신 속도: 최대 1 Mbps 2.실시간으로 중대한 정보 교환이 필요한 경우로서 1~10ms 간격으로 데이터 전송 주기가 필요한 경우에 사용 3. 응용 분야: 엔진, A/T, 섀시 계통 간의 정보 교환	고속 CAN 통신
Class D	1. 통신 속도: 수십 Mbps 2. 수백~수천 bits의 블록 단위 데이터 전송이 필요 3. 응용 분야: AV, CD, DVD 신호 등의 멀티미디어 통신	1. MOST 2. IDB 1394

6 CAN 통신 Class 구조

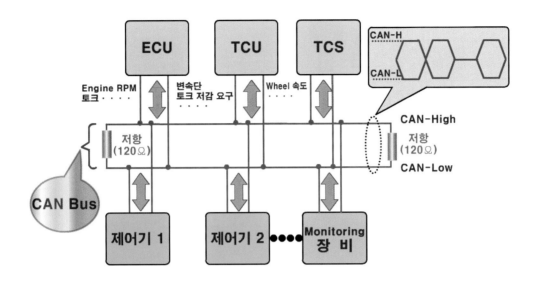

7 CAN 컨트롤러의 연결 구조 및 역할

① 입력 메시지 필터 링: 수신하고자 하는 메시지만 받아들임

② 입력 메시지에 대하여 수신 확인 신호, 에러 신호, 지연 신호 등을 자동으로 전송

③ CPU에 입력 메시지 전달, 버스 상태 전달, CAN 컨트롤러 상태 전달

④ CPU로부터 전송할 메시지를 받아 버스에 송신: 통신 중재를 스스로 수행

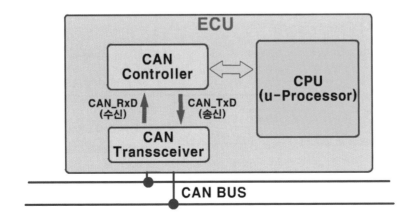

8 저속 CAN &고속 CAN 통신 연결 방식

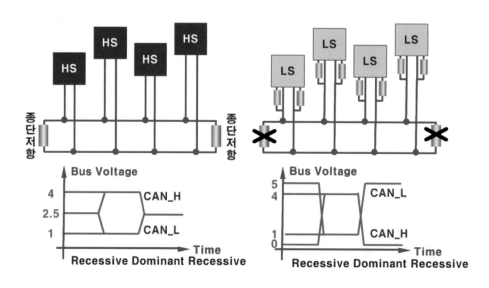

9 고속 CAN 통신의 특징

① ISO 11898

② CAN 통신 Class 구분: Class C

③ 전송 속도: 최대 1Mbps

④ BUS 길이: 최대 40m

⑤ 출력 전류: 25mA 이상

⑥ 통신 선로 방식: Line 구조(2선)

⑦ 신호 개수: 약 500~800개

⑧ 메시지 개수: 약 30~50

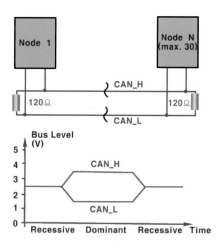

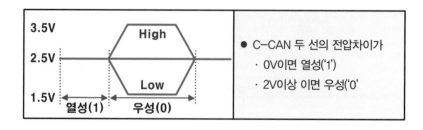

- C-CAN 두 선의 전압차이가
  · 0V이면 열성('1')
  · 2V이상 이면 우성('0')

10 저속 CAN 통신의 특징

① ISO 11519

② CAN 통신 Class 구분: Class B

③ 전송 속도: 최대 128Kbps

④ BUS 길이: 전송 속도에 따라 다름

⑤ 출력 전류: 1mA 이하

⑥ 통신 선로 방식: Line 구조(2선)

⑦ 신호 개수: 약 1,200~2,500개

⑧ 메시지 개수: 약 250~35개

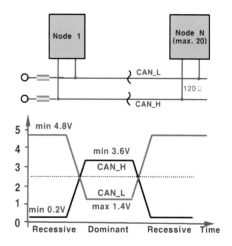

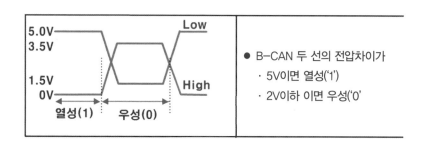

11 캔 통신 전파 방해

　캔 통신의 전파 방해를 받아 2V에서 3V로 변한다면 LOW 및 HIGH 2선이 서로 인접하여 있기 때문에 외부에서 전파 노이즈를 받아도 LOW 및 HIGH 전압의 차이는 변하지 않기 때문에 안정적인 신호의 전달이 가능하다.

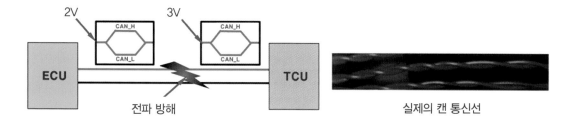

실제의 캔 통신선

⑫ 캔 통신 자기 진단

① 캔 통신선 1선이 끊어지더라도 정상적인 동작은 가능하며, 자기 진단을 해보면 다음과 같은 고장 코드가 출력된다.

자 기 진 단
IFU : CAN 에러

② 캔 통신 2선이 모두 끊어지면 통신은 안 된다. 자기 진단에서 아래와 같은 고장 코드가 출력된다.

자 기 진 단
IFU : CAN BUS OFF

⑬ CAN 통신 종단 저항

(1) 종단 저항을 두는 이유

① BUS에 일정한 전류를 흐르게 한다.

만일 종단 저항이 설치되지 않으면 제어기가 BUS에 통신을 시도할 때 High · Low 두 라인은 단선이 되므로 전류가 흐르지 못해 올바른 전압 레벨을 만들 수 없다. V=I×R 공식에서 전류 I가 흐르지 않으면 발생하는 전압은 규정된 범위를 벗어나 BUS에서 잡음 및 오류 신호로 처리될 수밖에 없다(전류가 0A이면, V=0×R 공식에 대입하면 저항과 관계없이 전압 또한 0이 되므로 전압의 의미가 사라진다)

종단 저항을 설치하면 High와 Low 사이에 회로가 구성된다. 설명된 BUS의 전압 레벨에서 High는 2.5V에서 3.5V로 상승하는 비트 파형이 발생하고, Low는 2.5V에서 1.5V까지 떨어지는 반대 출력이 발생한다. 즉, 각 제어기 High에서 발생한 전압은 BUS 라인과 종단 저항을 거쳐 Low 측으로 접지된다고 볼 수 있다. 이때 종단 저항을 통한 회로가 구성되고 저항에 맞는 전류가 흐르므로 올바른 비트 전압이 전달된다.

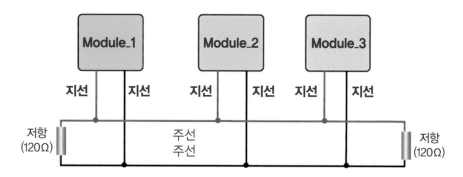

② BUS에 전파되는 신호가 양 끝단에 부딪쳐 반사되는 신호(반사파)를 감소시킨다. 종
단 저항이 없다면 BUS에 전달된 신호가 라인의 양 P단에 도달하여 공기와 만나게
되고, 이때 도선과 공기의 매질이 달라 반사파가 만들어진다. 이러한 반사파는 다시
BUS를 통해 전달되고 새롭게 전송되는 신호와 중첩되어 오류 신호를 발생시켜 통
신 불량 또는 통신 지연을 유발하는 원인이 된다.

(2) 종단 저항 설치 위치

실제로 차량에서는 모듈 내부에 설치되며, 혹은 예외적으로 클러스터 모듈(계기
판), 스마트 정선 박스, BCM에 임의적으로 삽입되어 있다.

(3) 주선과 지선

앞 그림에서 저항에 연결된 선을 주선이라 하며, 각 모듈로 분기되는 선을 지선
이라 한다.

(4) CAN 신호 플래그^{Flag} 처리

예를 들어 ECU가 VDC에 엔진 rpm을 보내려고 하니 신호가 이상해(노이즈 등)
VDC에 신호가 이상하니 확인해 보라는 경고 메시지와 함께 보내면, 이 정보를
받아들인 VDC는 이 정보가 이상하다고 판단되면 Message Error의 고장 코드
를 출력하고 rpm 정보는 사용하지 않는다.

· CAN 신호 플래그(Flag) 처리

14 CAN 통신 회로

⊙ CAN 통신 전체 회로

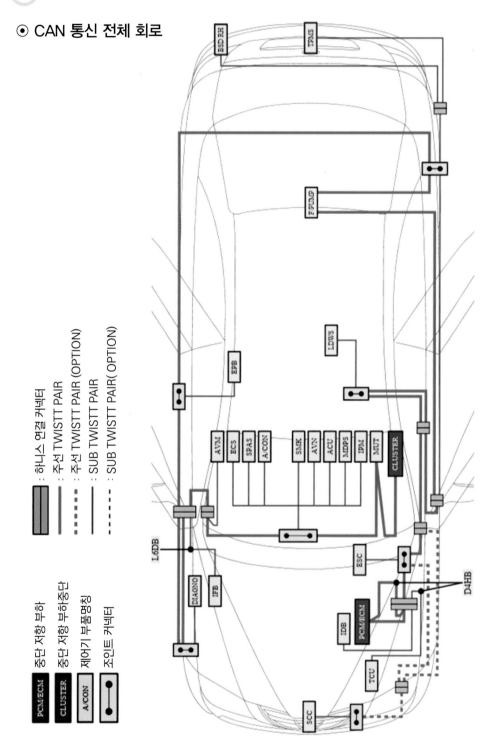

중단 저항 부하 : 하니스 연결 커넥터

중단 저항 부하중단 : 주선 TWISTT PAIR

제어기 부품명칭 : 주선 TWISTT PAIR (OPTION)

조인트 커넥터 : SUB TWISTT PAIR

: SUB TWISTT PAIR(OPTION)

15 EMS 송신 내용

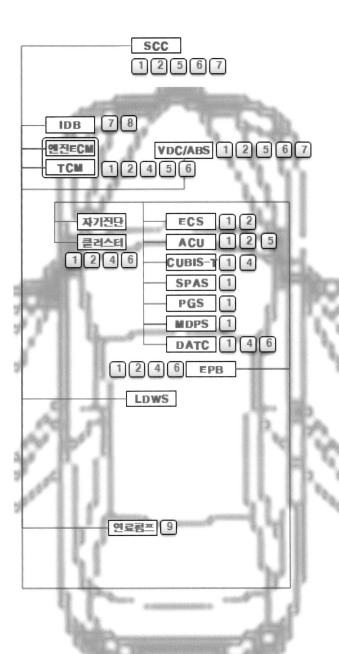

NO	신 호
1	엔진 rpm, 엔진 토크, 차속, 연료 차단 여부
2	APS, TPS, 대기압, 경고등 여부
3	냉각 수온, 흡기온, 흡입 공기량, MAP, 엔진 상태(Run, Idle, Crank')→LPI용
4	경고등, IMMO 상태, 대기압, 연비 정보, BAT 전압, 플라이휠 토크, 크루즈 설정 속도
5	가감속 정보, 흡기온, 액셀러레이터 페달 상태
6	엔진 토크, 엔진 상태(RUN, IDLE, CRANK), 크루즈 램프, KEY OFF시간
7	GDI 관련(펌프, 인젝터 파워스테이지)
8	솔레노이드 밸브 제어 듀티(GDI-IDB)
9	연료 펌프 목표 압력

16 제어기 별 송수신 메시지

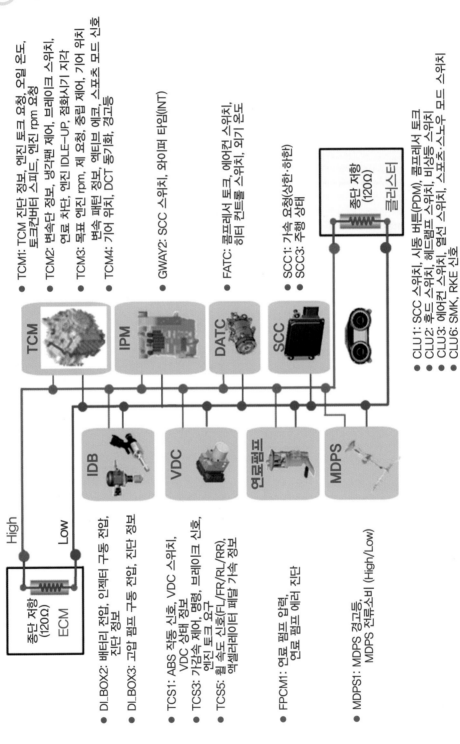

- TCM1: TCM 진단 정보, 엔진 토크 요청, 오일 온도, 토크컨버터 스피드, 엔진 rpm 요청
- TCM2: 변속단 정보, 냉각팬 제어, 브레이크 스위치, 연료 차단, 엔진 IDLE-UP, 점화시기 지각
- TCM3: 목표 엔진 rpm, 제 요청, 변속 패턴 정보, 엑티브 에코, 스포츠 모드 신호
- TCM4: 기어 위치, DCT 동기화, 경고등

- GWAY2: SCC 스위치, 와이퍼 타임(INT)

- FATC: 콤프레서 토크, 에어컨 스위치, 히터 컨트롤 스위치, 외기 온도

- SCC1: 가속 요청(상한·하한)
- SCC3: 주행 상태

- 종단 저항 (120Ω) 클러스터

- CLU1: SCC 스위치, 시동 버튼, 콤프레서 토크
- CLU2: 혼드 스위치, 헤드램프 스위치, 비상등 스위치
- CLU3: 에어컨 스위치, 열선 스위치, 스포츠·스노우 모드 스위치
- CLU6: SMK, RKE 신호

TCM / IPM / DATC / SCC

IDB / VDC / 연료펌프 / MDPS

종단 저항 (120Ω) ECM

High
Low

- DI.BOX2: 배터리 전압, 인젝터 구동 전압, 진단 정보
- DI.BOX3: 고압 펌프 구동 전압, 진단 정보

- TCS1: ABS 작동 신호, VDC 스위치, VDC 상태 정보
- TCS3: 가감속 제어, 폄령, 브레이크 신호, 엔진 토크 요구
- TCS5: 휠속도 신호(FL/FR/RL/RR), 엑셀러레이터 페달 가속 정보

- FPCM1: 연료 펌프 압력, 연료 펌프 에러 진단

- MDPS1: MDPS 경고등, MDPS 전류소비 (High/Low)

116

17 IPM In Panel Module-Gateway

IPM은 네트워크상에서 게이트웨이 역할을 하며, IPM의 중계 기능은 다음과 같이 크게 3가지로 나누어 볼 수 있다.

(1) B-CAN 데이터를 C-CAN으로 전송

그림에서와 같이 DDM, SMK, PSM으로부터 다양한 메시지들이 B-CAN에 전송되는데 IPM에서는 이 메시지들을 수신한 후 다시 게이트웨이 메시지, 클러스터 메시지, SMK 메시지로 변환하여 C-CAN으로 전송하게 된다.

(2) C-CAN 데이터를 B-CAN(또는 M-CAN)으로 전송

C-CAN의 메시지 가운데 LDWS, TCM, 클러스터 등의 제어기에서 보내지는 여러 가지 메시지들을 IPM에서 수신한 후 IPM 메시지로 변환하여 B-CAN으로 전송한다.

(3) IPM 수신 데이터를 C-CAN으로 전송

IPM이 직접 수신한 각종 신호를 게이트웨이 메시지, 클러스터 메시지로 변환하여 C-CAN으로 전송한다.

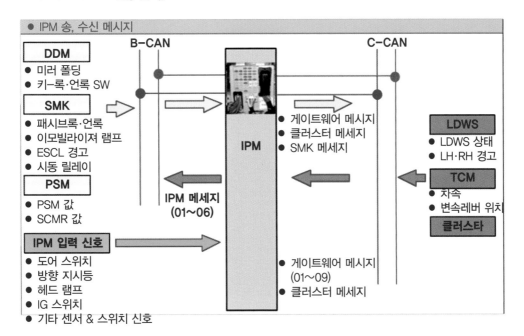

2. 자동차 통신 **117**

예제1

아래 회로에서 게이트웨이(Gate-Way)는?

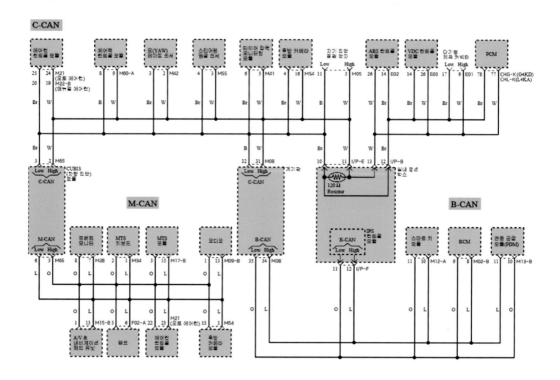

풀이

- 케이트웨이Gate-Way: 언어 중재 역할
- CUBIS(차량 진단) 모듈: C-CAN과 M-CAN의 통신 언어 중재 역할
- 계기판: C-CAN과 B-CAN의 통신 중재 역할

18 TPMS 송수신

(1) TPMS^{Tire Pressure Monitoring System} 전송 메시지

TPMS(타이어 압력 모니터링 시스템) 제어기에서는 TPMS 경고등 상태와 타이어 위치 등에 대한 정보를 CAN BUS에 송신한다.

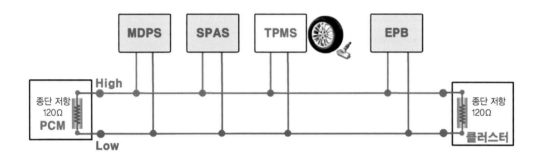

(2) TPMS 전송 메시지(CAN BUS로 송신)

No	설명	수신 제어기
1	TPMS 경고등 정보(진단, 저 압력 경고)	클러스터

(3) TPMS 수신 메시지

No	설명	송신 제어기
1	차속 신호	EMS
2	휠 펄스 신호(FL)	VDC
3	휠 펄스 신호(FR)	VDC
4	휠 펄스 신호(RL)	VDC
5	휠 펄스 신호(RR)	VDC

⑲ SCC 송수신

(1) SCC^{Smart Cruise Control}

스마트 크루즈 콘트롤 시스템으로 주행과 관련된 시스템들과 통신을 하게 된다.

(2) 주요 송신

메시지는 스위치 및 상태 정보 등이 있고, SCC ECU에서 수신하는 메시지는 엔진과 변속기, VDC, SAS, 클러스터로부터 받는다. .

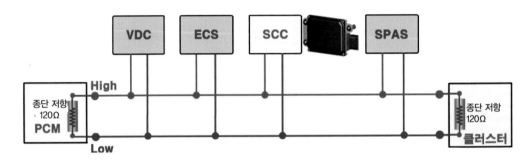

(3) SCC 전송 메시지(CAN BUS로 송신)

No	설명	수신 제어기
1	· SCC 스위치 상태(ON/OFF) · SCC 제어기 상태(제어 중 고장 여부) · Set Speed · 가 감속 정보 · 디스플레이 정보	VDC, 클러스터
2	· 물체 감지 상태(전방) · 거리 정보 · 상대 속도 정보	VDC
3	· VSM 기능(브레이크 작동, 경고, 감속 신호 · 명령)	VDC

⑳ VDC(ESC, ESP, TCS, EBS, ABS)

VDC^{Vehicle Dynamic Control}는 다른 용어로 ESC, ESP라고도 하며 TCS, ABS의 기능을 갖춘 시스템을 말한다.

VDC의 메시지는 TCS 제어를 위한 메시지와 ABS 메시지, ESP 메시지 등으로 나누어져 있어 각 시스템 별로 메시지를 송신하게 된다. 하지만 이러한 메시지는 모두 VDC ECU에서 ID만 다른 형태로 전송되기 때문에 실제는 VDC 메시지로 생각할 수 있다.

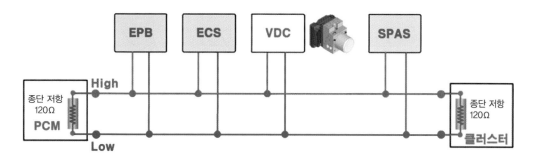

(1) VDC 전송 메시지(CAN BUS로 송신)

No	설명	수신 제어기
1	• TCS1: 엔진 토크 명령, ABS · EBD · VDC 상태 정보 • TCS3: 가감속 제어 명령, 변속기 쉬프트업 · 다운(SCC 관련)운전자 가속 신호 • TCS5: 경고등 점등(ABS · EBD · VDC) · 휠 스피드 정보 주행거리 카운트(적산거리)	• TCS1: EMS, TMS, SCC, 클러스터, ECS, ACU, SPAS • TCS3: EMS, TMS, SCC • TCS5: EMS, TMS, SCC, EPB, 클러스터, ACU, PGS
2	• ABS : ABS만 적용되는 경우에 해당	• EMS, TMS, 클러스터, ACU, PGS, SPAS
3	• WHL_SPD(휠 스피드) : 고 해상도의 휠 스피드 정보를 제공 • WHL_PUL(휠 스피드 센서 파형) : 휠 스피드 센서의 파형을 제공(SPAS용)	• SCC, AFLS, PGS, SPAS
4	• ESP1: 오토 홀드, EPB 작동 신호 • ESP2: 센서 신호(요레이트, 종G · 횡G), 센서 값 · 상태 정보 • ESP4: VSM 안전관련 기능(SCC용)	• ESP1: EMS, EPB, 클러스터 • ESP2: TMS, SCC, AFLS, ECS, SPAS • ESP4: SCC

㉑ TCM(자동변속기 제어 모듈)

파워트레인 통합 모듈 내에 위치해 있는 경우에도 내부에 별도의 CPU와 CAN 트랜시버 등을 갖추어 네트워크를 구성하고 있다. 종단 저항의 위치는 ECM에 있지만 TCM 내부에서 병렬로 CAN BUS를 이루어 TCM 만의 고유 기능을 수행하게 된다.

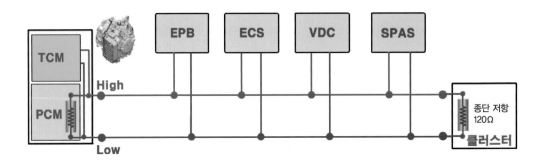

(1) TCM 전송 메시지(CAN BUS로 송신)

No	메시지 유형	수신 제어기
1	• 변속 단 정보(변속 레버 위치), 업쉬프트·다운쉬프트 주행 여부 • 엔진 토크 요청 • TCM 고장 유무, 경고등 점등	EMS, VDC, SCC, EPB, AFLS, 클러스터, ECS, PGS, SPAS
2	• 엔진 토크 저감 요청	EMS, 클러스터
3	• 목표 기어	EMS, VDC, 클러스터, CUBIS-T
4	• 경고등 점등 신호(클러스터와 통신)	클러스터

TCM에서 수신하는 메시지는 EMS, VDC(ABS) 등의 제어기에서 보내지는 여러 가지 정보들이다

엔진에서는 EMS 협조 제어를 위한 기능과 엔진 회전수, 토크 등의 정보를 수신하고, VDC에서는 휠 속도 및 변속 제어에 필요한 정보를 수신하게 된다.

07. 자동차 통신 자기진단

1 자기 진단 회로

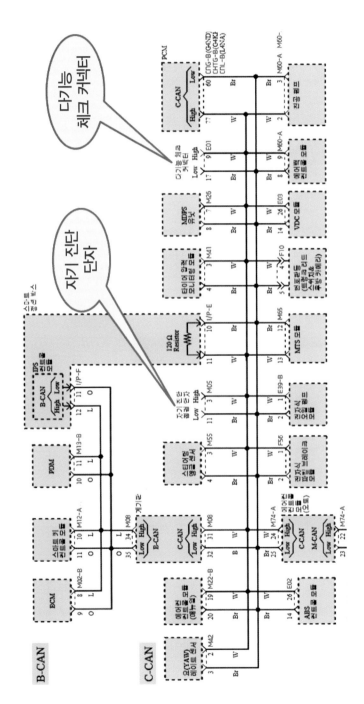

② 자기 진단 커넥터(단자) 및 다기능 체크 커넥터(단자)

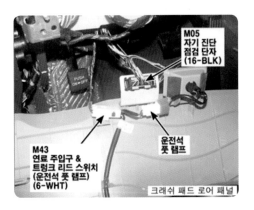

1. –	–	9.R	– 스마트정션 박스
2.–	–	10.–	–
3.W	C-CAN(High)	11.Y	C-CAN(Low)
4.B	접지(GMO1)	12.–	–
5.B	접지(GMO1)	13.L	바디 K-라인
6.Y	차속 신호	14.Y	차속 신호
7.–	–	15.–	–
8.–	–	16.–	–

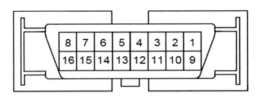

1. B	접지(GMO4)	11.–	–
2.–	–	12.R	퓨즈 릴레이 박스(ABS2)
3.–	–	13.–	–
4.R	퓨즈 릴레이 박스	14.Y	퓨즈CCP-CAN(Low)
5.B	접지(GMO4)	15.B	퓨즈 릴레이 박스(ABS3)
6.W	CCP-CAN(High)	16.–	–
7.–	–	17.Y	–C-CAN(Low)
8.–	–	18.–	–
9.W	C-CAN(High)	19.Y	바디 K-라인
10.–	–	10.–	–

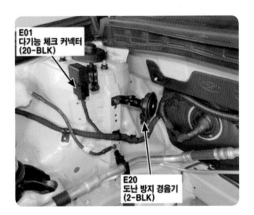

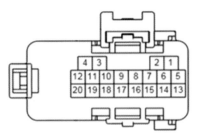

124

③ 자기 진단 고장 코드

고장 코드 출력 유형	출력 조건	출력 형태
CAN BUS-OFF	• 데이터를 전송하는 모듈이 데이터를 전송하지 못할 경우 출력 • CAN High & Low Line이 B+ 또는(-)접지와 단선, 단락 시 출력	• CAN 라인 Off • CAN Bus 이상 • CAN 통신 이상 • CAN 통신선 이상 -++-등의 코드 명으로 표출
CAN TIME-OUT	• 다른 제어기로부터 일정 시간 동안 원하는 메시지를 받지 못 할 때 출력	• CAN 통신 시간 초과 • 응답 지연 • 신호 안 나옴 • CAN 수신 이상 등의 코드 명으로 표출
CAN Message Error	• CAN 메시지가 Error로 수신되는 경우 • 전송 데이터가 유효하지 않다고 판단될 때 • 수신 모듈의 특정 메시지의 규정 값 범위를 벗어났을 때 • Check Sum	• 메시지 이상 • CAN 신호 이상 • 응답 수신 횟수 이상 등의 코드 명으로 표출

④ 자기 진단 시험기 설치

① 점화 스위치를 OFF시킨다.

② 시험기의 리드선을 해당 차량의 자기 진단 커넥터에 연결한다.

③ 차실 내에서 점검할 때에는 시거라이터를 빼내고 진단기 (스캐너)의 전원 리드
선을 연결하도록 하고, 외부에서 점검할 경우에는 적색 클립은 배터리 (+)단
자 기둥에, 흑색 클립은 배터리 (−)단자 기둥에 각각 연결한다.

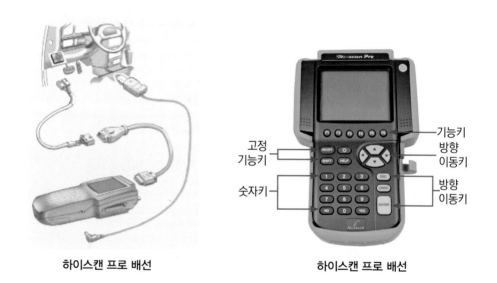

하이스캔 프로 배선   하이스캔 프로 배선

126

아래 회로에서 자기 진단이 불가능한 모듈은?

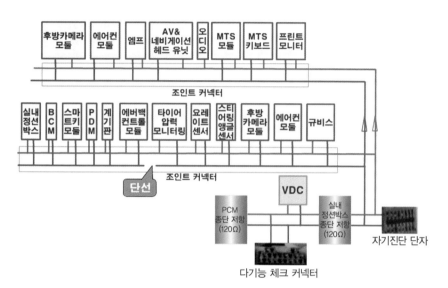

풀이

- 실내 정선 박스에서부터 에어백 컨트롤 모듈까지 자기 진단 불가능

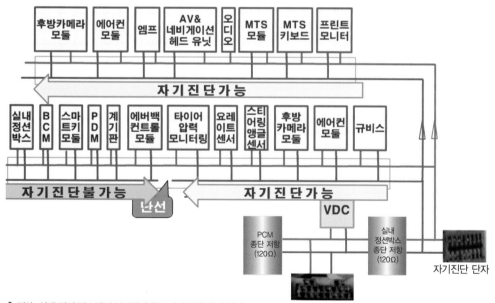

정답: 실내 정선 박스에서 부터차례대로 자기 진단 하여 본다.

08. CAN 통신 종단 저항 점검

예제 1

아래 회로에서 자기 진단이 불가능한 모듈은?

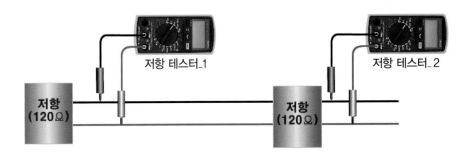

풀이

- 병렬 합성 저항값이 나타난다. 테스터기 1, 2 = 60Ω

$$\cfrac{1}{\cfrac{1}{120}+\cfrac{1}{120}} = \cfrac{1}{\cfrac{2}{120}} = \frac{120}{2} = 60\ \Omega$$

📖 예제2

아래 그림에서 캔 선이 단선 되었을 때 저항 테스터기 1, 2에 나타나는 저항은 얼마인가?

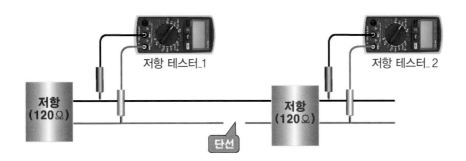

📖 풀이

- 테스터기 1, 2에는 저항 1과 저항 2의 각각의 저항값 120Ω이 측정된다.

📖 예제3

아래 그림에서 저항 테스터기 1, 2에 나타나는 저항은 얼마인가?

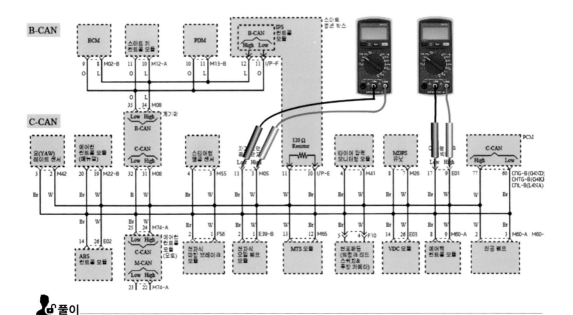

📖 풀이

- 테스터기 1: 60Ω, 테스터기 2: 60Ω

아래 그림에서 저항 테스터기 1, 2에 나타나는 저항은 얼마인가?

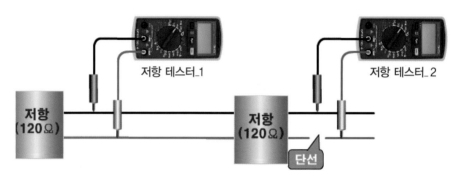

풀이

- 테스터기 1: 60Ω, 테스터기 2: 무한대(∞)

아래 그림에서 저항 테스터기 1, 2에 나타나는 저항은 얼마인가?

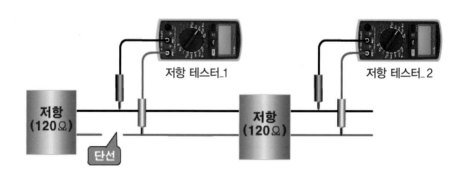

풀이

- 테스터기 1: 무한대(∞), 테스터기 2: 120Ω

예제6

아래 회로에서 "A" "B" "C" 부분이 각각 단선 되었을 때 저항 테스터기 1, 2에 나타나는 저항은? (단 IG OFF 상태에서 측정한다. 측정 저항은 제어기 병렬 연결 상태에 따라 값이 틀릴 수도 있다)

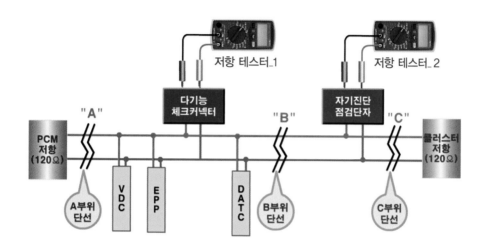

단선 부위	다기능 체크 단자(테스터기 1) 측정값	자기 진단 단자(테스터기 2) 측정값
A 부위		
B 부위		
C 부위		

풀이

단선 부위	다기능 체크 단자(테스터기 1) 측정값	자기 진단 단자(테스터기 2) 측정값
A 부위	120Ω	120Ω
B 부위	120Ω	120Ω
C 부위	120Ω	120Ω

아래 회로에서 PCM 탈거 시 "A" "B" "C" 부분이 각각 단선 되었을 때 저항 테스터기 1. 2에 나타나는 저항은?

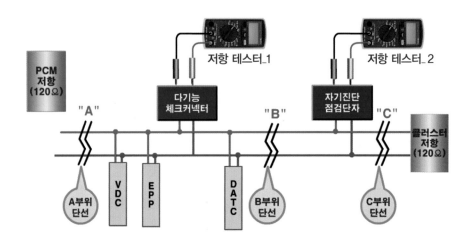

단선 부위	다기능 체크 단자(테스터기 1) 측정값	자기 진단 단자(테스터기 2) 측정값
A 부위		
B 부위		
C 부위		

풀이

단선 부위	다기능 체크 단자(테스터기 1) 측정값	자기 진단 단자(테스터기 2) 측정값
A 부위	120Ω	120Ω
B 부위	무한대(∞)	120Ω
C 부위	무한대(∞)	무한대(∞)

아래 회로에서 클러스터 탈거 시 "A" "B" "C" 부분이 각각 단선 되었을 때 저항 테스터기 1, 2에 나타나는 저항은?

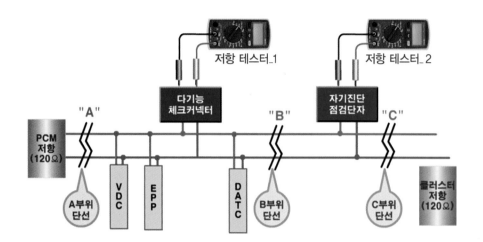

단선 부위	다기능 체크 단자(테스터기 1) 측정값	자기 진단 단자(테스터기 2) 측정값
A 부위		
B 부위		
C 부위		

풀이

단선 부위	다기능 체크 단자(테스터기 1) 측정값	자기 진단 단자(테스터기 2) 측정값
A 부위	무한대(∞)	무한대(∞)
B 부위	120Ω	무한대(∞)
C 부위	120Ω	120Ω

09. 자동차 통신 파형 분석

① LIN 및 K-line 통신 파형

(1) LIN 및 K-line 통신 파형 분석?

① 파형의 어디를 보아야 하는가?

② 기준 전압을 유지하는가?

③ 디지털 형태의 변화가 생기는가?

④ 12V 기준으로 9.6V(80%)이상 열성(1), 2.4V(20%) 이하 우성(0) 출력하는가?

⑤ 각 비트는 정해진 시간을 준수하는가?

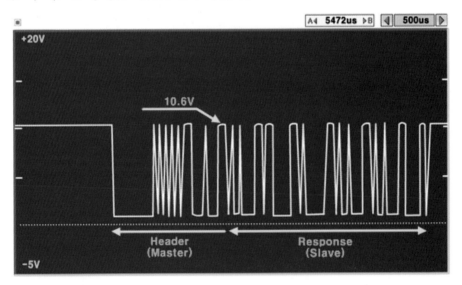

측정값
- 10.6V(1) 열성 정상, • 2.4V(0) 우성 정상이다.
- 디지털 형태 파형 출력 정상이다.
- Master 및 Slave 파형: 파형이 빠짐없이 출력하므로 정상이다.

(2) Slave 커넥터 탈거 후 파형

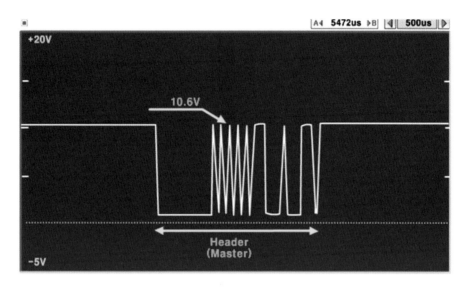

(3) LIN 통신 초음파 센서 파형

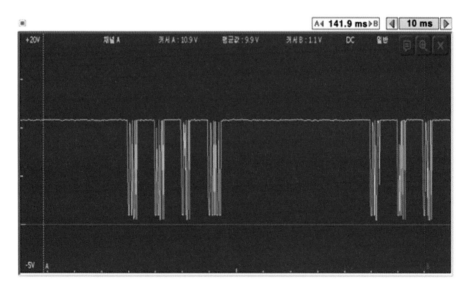

(4) 커넥터 탈거 하였을 때 진단 코드 및 파형

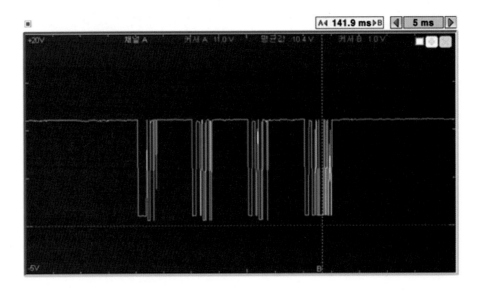

현재고장코드	고장코드명	상태
B121000	전방 좌측 센서 이상	현재
B121100	전방 중앙 좌측 센서 이상	현재
B121200	전방 중앙 우측 센서 이상	현재
B121300	전방 우측 센서 이상	현재

(5) 초음파 센서 단품 점검에서 전원 및 LIN 파형

① 1번 단자 전원 8V

② 2번 단자 LIN 통신

③ 3번 단자 접지

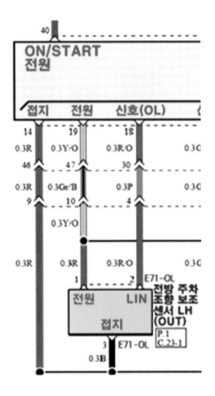
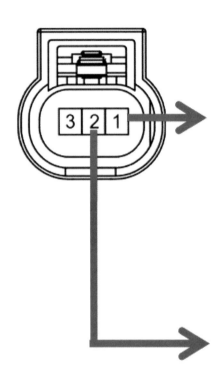

센서 전원 및 LIN 통신 파형은 센서가 동작되는 모드에서만 출력되므로 측정 시 주의해야 한다.
🈯 후방 센서 측정 시 변속레버를 "D"로 선택하면 센서 전원 공급 안됨

- 1번 단자 전원 파형(8V 기준)

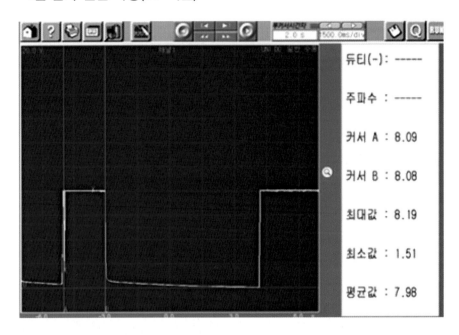

- 2번 단자 LIN 통신 파형(5V 기준)

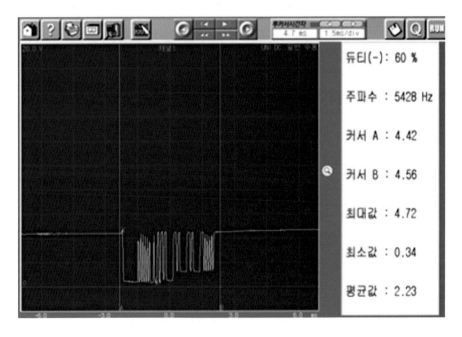

② CAN 통신 파형

(1) CAN 통신 정상 파형

① 오실로 스크프에서 중첩 출력을 클릭하여 확인한다.

② CAN 파형 HIGH 3.5V, LOW 2.5V 정도

③ 프레임 시간 일정하게 유지하는가 확인한다.

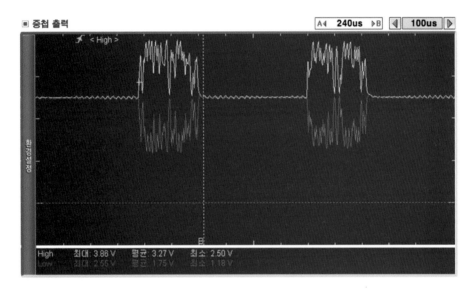

(2) CAN 통신 High 단선 파형

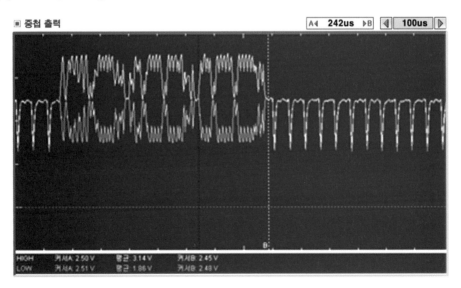

(3) CAN 통신 High 접지 단락

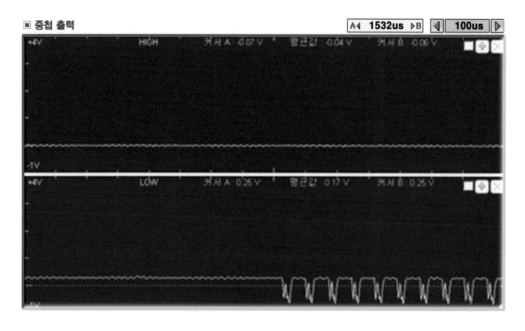

(4) CAN 통신 High 전원 단락

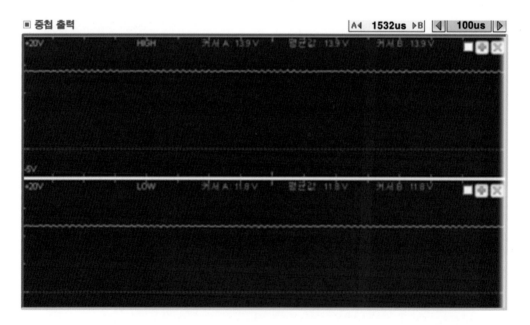

(5) CAN 통신 Low 접지 단락

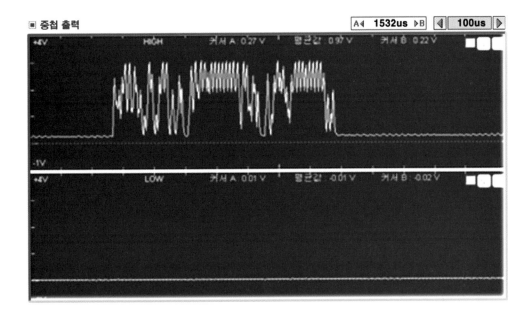

(6) CAN 통신 Low 전원 단락

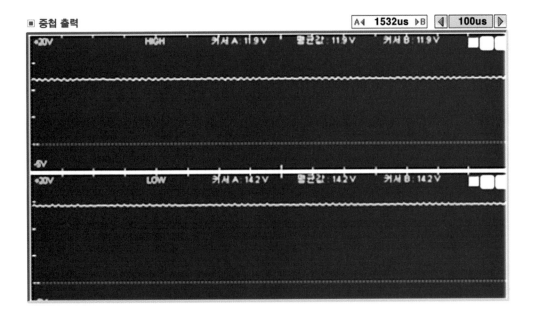

(7) CAN 통신 High·Low 상호 단락

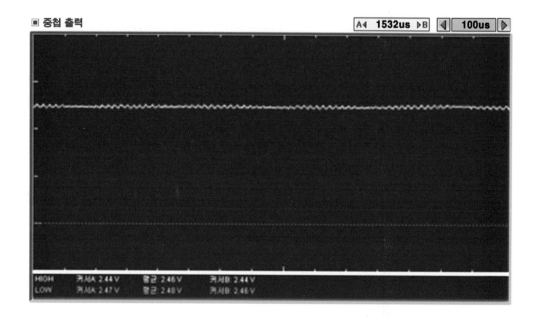

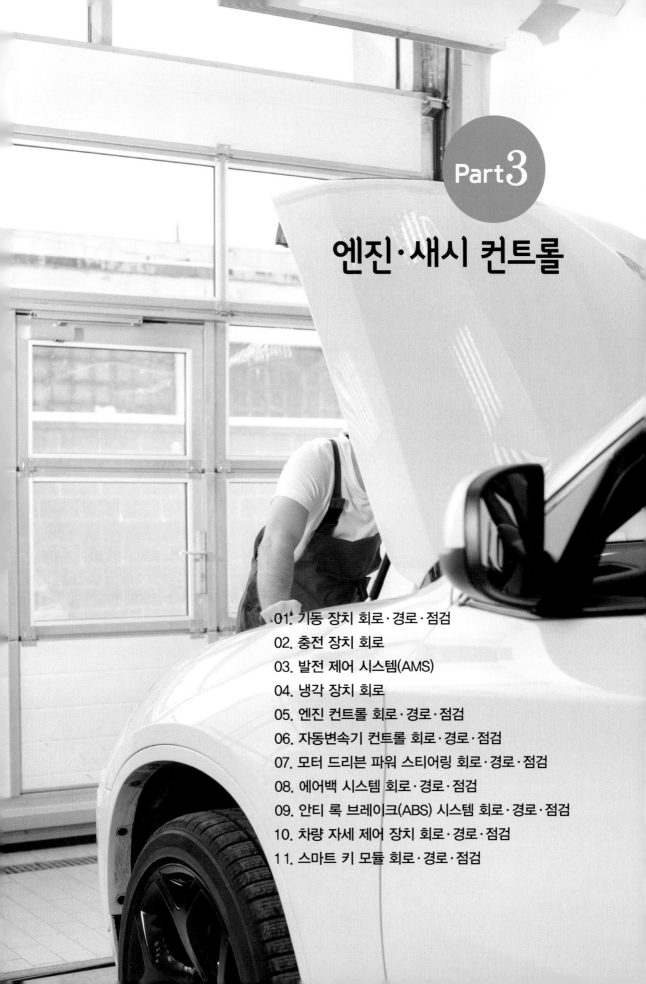

Part 3

엔진·새시 컨트롤

⚙ 회로 내의 고장을 진단하는 방법이 어렵다. 쉽게 접근하는 방법을 서술하자면

1. 고객의 문진 내용을 조사까지 적어라.(⑩ 언제, 어떨 때, 어떻게 등)

2. 정확한 고장 내용을 숙지 후 시스템 전반을 작동해 본다.(무조건 전체가 아닌 현재 고객이 이야기 한 시스템)

3. 요기서 잠깐 !! – 무조건 자기의 생각에 함부로 분해, 탈착하지 마라, 이때부터는 안개 속을 걷는다.

4. 회로도에서 고장 회로(시스템)를 찾아 전류의 흐름을 이해, 분석한다, 이때 공유하는 전원(퓨즈, 릴레이 등)이 있다면 반드시 확인할 것(공유부분, 시스템)

5. 만약 문제의 시스템을 정확히 이해하지 못하면 관련 서적을 참조하여 정확히 숙지

6. 공유하는 시스템을 먼저 작동해 본다, 이 부분까지 작동하지 않으면 해당 전원 단, 접지 단의 문제일 수 있다. 그러나 공유하는 부분은 정상일 경우 해당 시스템의 전원 단의 문제(회로)이다.

7. 고장 진단을 위한 장비(여기서는 총알과 총이다.)를 이용한다.
   전류의 흐름은 눈으로 계측 확인하기 어렵다. 아니 안 된다. 그러니 전류가 흐르는 상태를 보려면 전구 테스터기, 스코프 등이다. 가장 널리 사용하는 총은 전구가 달린 테스터 램프다…(시중에 현재 led 타입의 테스터 램프가 있는데. 나는 전구 타입을 원한다. 전류 소비가 많은 것일수록 확인하기 좋다)

8. 회로도 상의 현재는 시스템이 OFF 상태에서 그린 그림이다. 지금부터는 회로도 상 시스템은 정상 작동 상태라고 먼저 생각한다. 그리고 전류는 흐른다고 생각한다.(무조건 긍정적으로 생각해라)

9. 전류는 회로가 연결되어 있으면 무조건 흐른다, 단 저항 차이, 모듈 등 그것은 나중 생각이다.

10. 모든 회로는 1장 기초편에서 릴레이 회로 점검 방법을 충분히 숙지한 후 접근한다.

⚙ 회로 순서

1. 회로 개요

2. 회로도

3. 회로 경로

4. 회로 각 부분에서 점검하였을 때 정상 전압

5. 실무 회로 분석에서 **배터리 전압** 12V는 시동하기 전에는 배터리 전압. 엔진을 시동 하였을 때에는 충전 전압.

6. 모듈에서 나오는 전압은 차종에 따라 6~12V로 출력되는데 회로 분석 실무에서는 12V로 되어있으므로 참고하기 바란다.

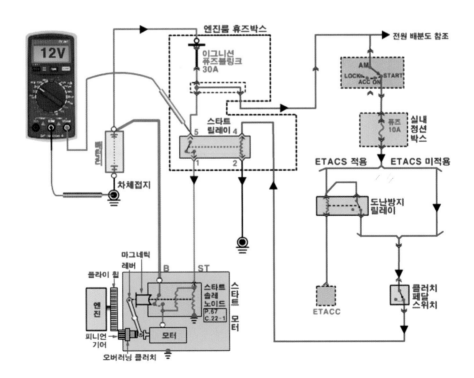

⚙ 회로 점검 참고

🔒 예제 1

아반떼(HD) 스타트 회로에서 릴레이를 탈거하고 5번 단자에서 전압을 측정하였을 때 정상값 및 불량할 때 고장 요소는?

👤 풀이
_____

- 전압 측정 정상값: 12V(여기에서 12V는 시동 전에는 배터리 전압이며, 시동 후에는 충전 전압이다.)

⚙ 회로 경로 보는 방법 참고

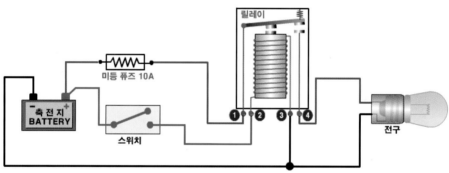

① 스위칭 회로 : 배터리 → 스위치 → 릴레이(2-3번 단자) → 접지
② 릴레이 회로 : 배터리 → 미등 퓨즈 10A → 릴레이(1-4번 단자) → 전구 → 접지

부품 명칭 ┘   └ 부품 내에서 흐르는 단자 순서

01. 기동 장치 회로·경로·점검

① 기동 장치 회로 개요

(1) 스타팅 회로 설명(스마트 키 미적용 차량)

- AT 차량은 변속 레버 P 또는 N 위치에서 이그니션 스위치를 ST 위치로 하면 엔진이 크랭킹 된다.
- MT 차량은 클러치 페달 밟은 상태에서 이그니션 스위치를 ST 위치로 하면 엔진이 크랭킹 된다.

(2) 스타팅 회로 설명(스마트 키 적용 차량)

- AT 차량은 변속 레버 P 또는 N 위치에서 브레이크 페달을 밟은 상태에서 스타트 버튼을 누르면 엔진이 크랭킹 된다.
- MT 차량은 클러치 페달을 밟은 상태에서 스타트 버튼을 누르면 엔진이 크랭킹 된다.

(3) 도난 방지 릴레이

도난 방지 릴레이는 스마트 키를 휴대하거나 차에 둔 상태가 아니면 스타트 릴레이 전원을 차단하여 시동이 되지 않도록 한다.

(4) 버튼식 시동 정지 버튼

① ASS: 시동·정지 버튼을 1번 누른다.
② IG 1: 시동·정지 버튼을 2번 누른다.(브레이크 페달을 밟지 않은 상태)
③ START: 브레이크 페달을 밟고 시동 버튼을 누른다.

(5) 키 절환식 이그니션 스위치

① **1단**: ACC

② **2단**: ON(IG 1, IG 2)

③ **3단**: START

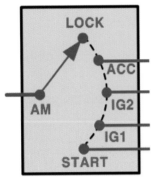

이그니션 스위치 회로

버튼식 시동/정지 버튼

이그니션(점화) 스위치

② ## 기동 장치 회로(1/2)(아반떼 MD: 스마트 키 미적용)

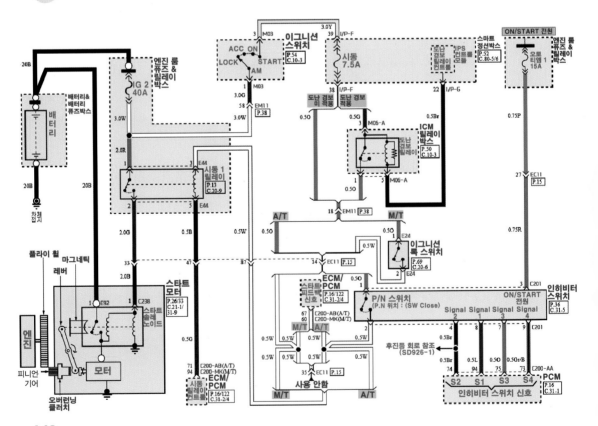

② 기동 장치 회로(1/2)(아반떼 MD: 스마트 키 적용)

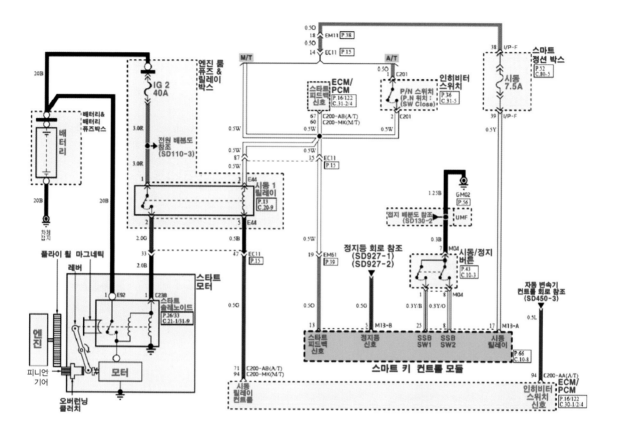

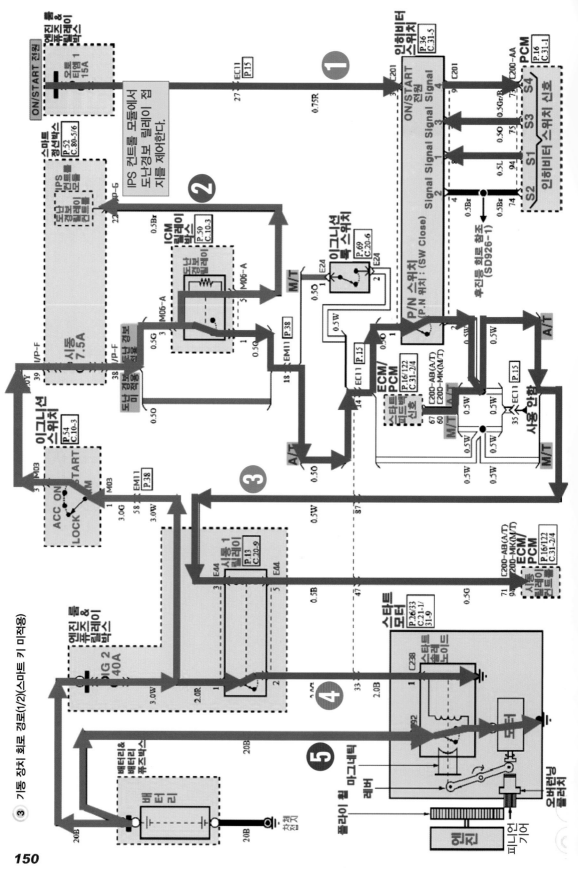

③ 기동 장치 회로 경로(1/2)(스마트 키 미적용)

150

③ 기동 장치 회로 경로(1/2) (스마트 키 미적용용)

❶ 엔진 크랭킹(변속기 P·N): ON·START 전원 → 오토티엠 15A → 인히비터 스위치 → PCM

❷ 배터리 → IG 40A 퓨즈→ 이그니션 스위치(AM → ST) → 시동 7.5A 퓨즈 → 도난 경보 릴레이 → IPS 모듈(IPS 컨트롤 모듈에서 도난 경보 릴레이 접지를 제어한다.)

❸ 배터리→ IG 40A 퓨즈 → 이그니션 스위치(AM→ST)→ 시동 7.5A 퓨즈 → 도난 경보 릴레이(포인트) → 인히비터 스위치(P·N) → 시동 1 릴레이 → ECM·PCM(시동 릴레이 컨트롤 접지제어): 시동 릴레이 포인트 ON

❹ 배터리 → IG 2 40A 퓨즈 → 릴레이(1 → 2번 단자) → ST 단자 → 스타트 솔레노이드 → 자체 접지

❺ 배터리 → 배터리 퓨즈 블록 → 모터(B→ M단자) → 모터 → 자체 접지: 스타트 모터 회전

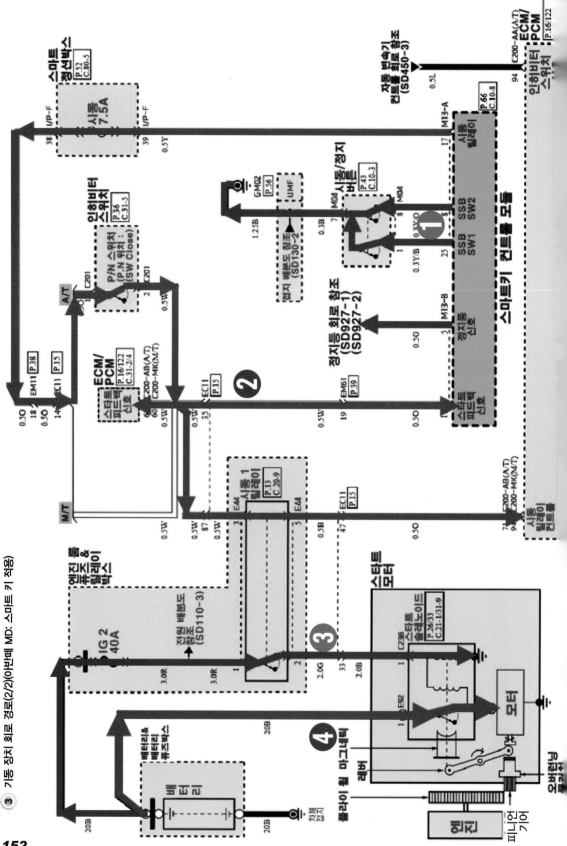

③ 기동 장치 회로 경로(2/2)(0번빼) MD: 스마트 키 작용)

152

③ 기동 장치 회로 경로(2/2)(아반떼 MD: 스마트 키 적용)

❶ 브레이크 페달을 밟고 시동·정지 버튼을 누른다: 스마트 키 컨트롤 모듈 → 시동·정지 버튼 → 접지

❷ 스마트 키 컨트롤 모듈(시동 릴레이) → 시동 7.5A 퓨즈 → 인히비터 스위치(P·N) → 시동 릴레이(3−5번 단자) →

PCM(시동 릴레이 컨트롤 정지 제어): 시동 릴레이 포인트 ON

❸ 배터리 → IG 2 40A 퓨즈 → 릴레이(1 → 2번 단자) → ST 단자 → 스타트 솔레노이드 → 접지

❹ 배터리 → 배터리 퓨즈 블록 → 스타트 모터(B단자 → M단자 → 모터 → 자체 접지): 스타트 모터 회전

④ 기동 장치 회로 점검

(1) 엔진 Cranking이 되지 않을 때 기동 장치 점검 순서

① 배터리 (+), (−)터미널 연결 상태를 점검하여 불량하면 정비한다.

② 인히비터 스위치 P, N 접촉이 바른가! 확인한다.(변속 레버 N 위치에 놓고 변속 레버를 앞뒤로 약간 흔들면서 시동하여 본다)

③ 퓨즈 및 스타트 릴레이를 점검한다.

④ 배터리 전압을 점검하여 전압이 불량하면 충전 불량 혹은 배터리 불량이므로 점검한다.

- 발전기 충전 상태를 점검하여 충전되지 않으면 충전 장치를 점검 및 정비한다.
- 배터리 부하 시험하여 불량하면 배터리를 충전하던가. 교환한다.

⑤ 기동 장치 회로의 단선 시험한다.

- 릴레이를 탈거한 후 회로 시험(4요소)(기동 회로 점검 (2), (3) 참조)
- 배터리 (+), (−)케이블 선간 전압 시험

⑥ 위 점검에서 이상이 없으면 기동 모터 탈거하여 점검 및 정비한다.

(2) 아반떼(MD) 스타트 회로에서 릴레이를 탈거하고 A, B 지점에서 전압을 측정하였을 때 정상 전압값 및 불량할 때 고장 요소는? (단 B 지점 측정 시에는 IG 스위치 스타트 위치로 하고 측정한다)

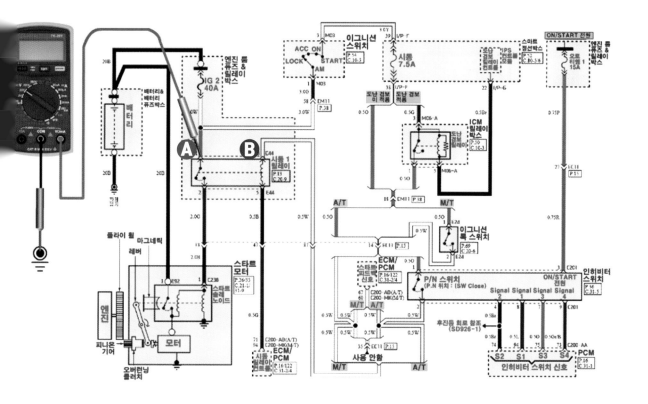

⚙️ 정상값 및 불량할 때 정비 방법

점검 요소	정상값	불량할 때 정비 방법
Ⓐ	12V	·OV가 나오면 배터리 단자 접촉 상태, IG 2 40A 퓨즈 단선, 배선 단선 등을 점검한다. ·전압이 12V보다 낮게 나오면 배터리에서 Ⓐ 지점까지 저항이 있으므로 배터리 단자의 접촉 상태, 배선 눌림 등을 점검한다.
Ⓑ	12V	·B 지점의 전압이 OV가 나오면 배터리 단자의 접촉 상태, IG 2 40A 퓨즈 단선, 이그니션 스위치, 도난 경보 릴레이, 이그니션 록 스위치, 인히비터 스위치, 배선의 단선 등을 점검한다. ·전압이 12V보다 낮게 나오면 배터리에서 Ⓑ 지점까지 저항이 있으므로 배터리 단자의 접촉 상태, 배선 눌림, 각 부품의 커넥터 접촉 상태 등을 점검한다.

(3) 아반떼(MD) 스타트 회로에서 릴레이를 탈거하고 C, D 지점에서 전압을 측정하였을 때 정상 전압값 및 불량할 때 고장 요소는?

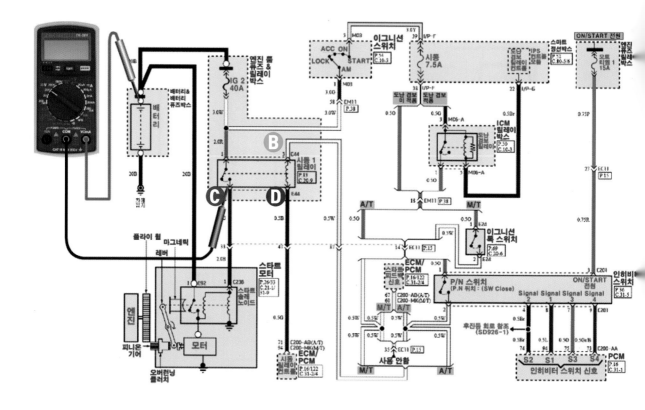

⚙️ 정상값 및 불량할 때 정비 방법

점검 요소	정상값	불량할 때 정비 방법
C	12V	·**C** 지점이 OV가 나오면 ST 단자 커넥터 이완, 배선의 단선 등을 점검하여 이상이 없으면, 스타트 솔레노이드 코일의 단선이다.
D	12V	·**B** 지점이 OV가 나오면 커넥터 이완 및 **D** 지점부터 PCM까지 배선의 단선 등을 점검한다.

(4) 배터리 (+)케이블 선간 전압 시험

① 전압계(+)리드선을 배터리 (+)단자에 연결한다.

② 전압계(−)리드선을 기동모터 "B" 단자에 연결한다.

③ 엔진을 크랭킹 시키면서 전압계 눈금 읽는다.

④ 0.2V 이상 나오면 배터리 (+)케이블의 접촉 불량이므로 배터리 터미널 정비한다.

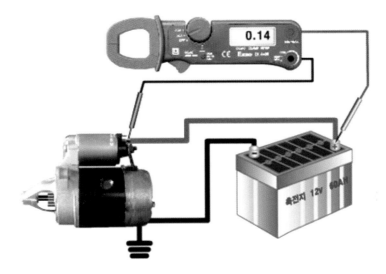

(+)케이블 선 선간 전압 점검

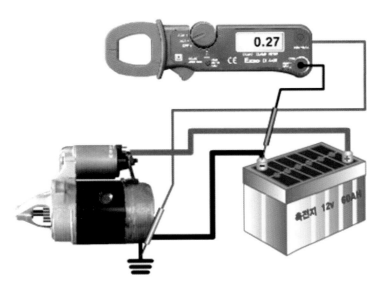

(−)케이블 선 선간 전압 점검

(5) 배터리 (−)케이블 선간 전압 시험

① 전압계(+)리드선을 엔진 몸체(배터리 케이블 접지 부분)에 연결한다.

② 전압계(−)리드선을 배터리 (−)단자에 연결한다.

③ 엔진을 크랭킹 시키면서 전압계의 눈금을 읽는다.

④ 0.2V 이상 나오면 배터리 접지 케이블의 접촉 불량이므로 정비한다.

⚙ 정비 및 조치 사항

① 12V가 나오면 케이블의 단선 혹은 연결 상태가 완전히 불량

② 전압계 리드선 접촉 시 반드시 배터리 단자와 B 단자 볼트 부분에 접속한다.

  터미널이나 선에 연결하면 정확한 값이 측정되지 않는다.

③ 0.2V 이상 나오면 크랭킹시 엔진의 회전이 느려진다.

02. 충전 장치 회로

① 충전 회로 개요

(1) 점화 스위치 IG(충전 경고등 점등)

▶ 점화 스위치 IG → 충전 경고등 → 알테네이터 L단자 → IC 레귤레이터·필드 (로터) 코일·접지로 흘러 필드 코일(로터 철심 자화)

(2) 엔진 시동(스테이터 코일이 로터 자속 끊어 교류 전기 발생),(충전 경고등 소등)

▶ 스테이터 코일(교류) → 다이오드(직류) → B단자 → 150A 퓨즈 → 배터리 충전 및 부하 전원

▶ 스테이터 코일(교류) → 다이오드(직류) → L단자(L단자와 계기판의 출력 단자가 동 전압 상태가 되어 충전 경고등이 소등되고 이 전압은 필드 코일을 계속해서 자화시키는데 사용)

▶ 스테이터 코일에서 발전된 전원과 FR 단자를 통한 상시 전원은 I.C 레귤레이터 내의 제너 전압보다 높게 되면 필드 코일은 더 이상 자화되지 않아 발전 전압이 떨어지게 되며 제너 전압 이하가 되면 다시 필드 코일이 자화되어 발전을 계속함으로 일정 전압을 유지하게 된다.

(3) 발전 제어 시스템(AMS^{Alternator Management System})

▶ 가속 또는 감속 등 차량 운전 조건 및 차량 전기 부하, 배터리 충전 상태를 감지하여 PCM에서 알터네이터의 발전 전압을 제어함으로써 연비 개선 및 최적의 배터리 충전 상태를 유지시켜 준다. 배터리의 충전 상태 및 차량 운전 조건 등에 따라 충전 제어, 방전 제어, 정상 제어를 수행한다.

▶ 가속 시에는 배터리 방전 제어를 수행하여 배터리 전력을 소비하고 알터네이터의 발전 전압을 낮춤으로써 알터네이터의 일을 줄이고 감속 시에는 충전 제어를 수행하여 발전 전압을 높임으로써 소비된 배터리의 전압을 보충한다.

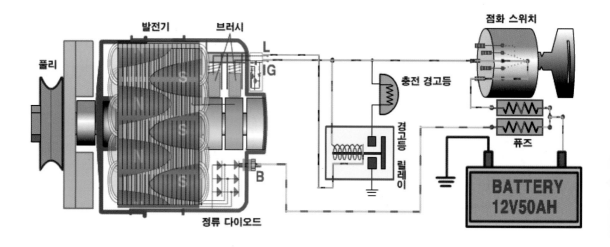

② 충전 회로

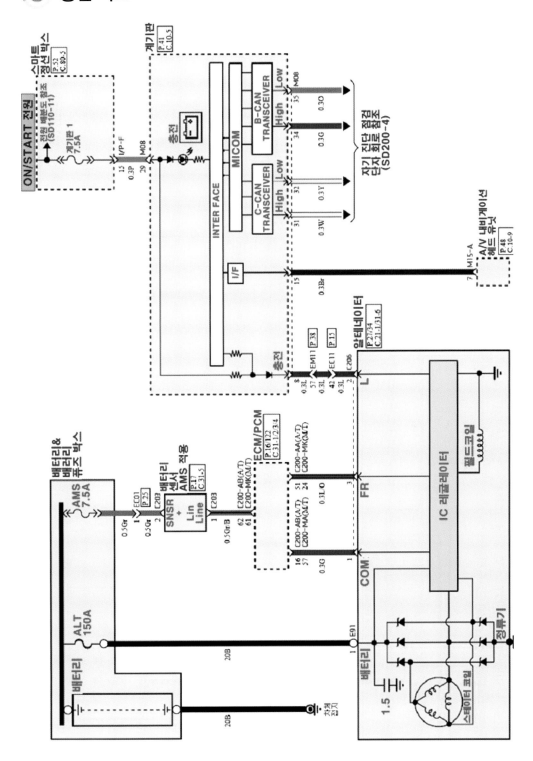

③ 충전 회로 경로

● 충전 경고등 점등: ON·START 전원 → 계기판 전원 → 계기판 17.5A 퓨즈 → 충전 경고등 → INTER FACE → 다이오드 → 알테네이터 L단자 → IC 레귤레이터 → 필드(로터) 코일 → 접지(발전기 로터 철심 자화)(충전 경고등 전위차에 의해 점등)

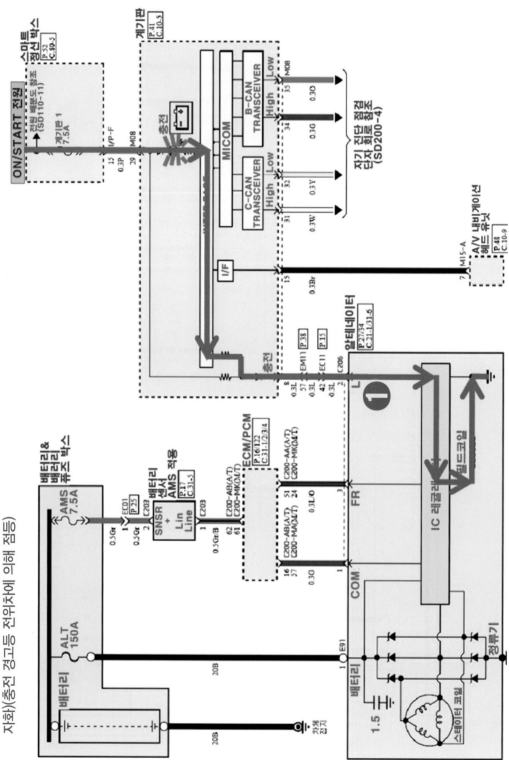

❷ 스테이터 코일(교류) → 다이오드(직류) → 발전기 B단자 → 150A 퓨즈 → 배터리 충전 및 부하 전원

❸ 스테이터 코일(교류) → 다이오드(직류) → IC 레귤레이터 → L단자 → 다이오드(L단자와 계기판의 충전 단자가 동 전압 상태가 되어 충전 경고등이 소등되고, 이 전압은 필드 코일을 계속해서 자화시키는데 사용한다)

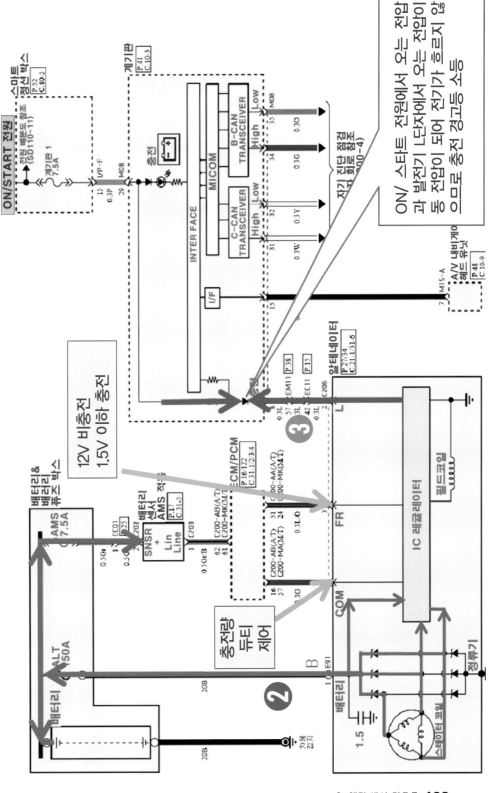

④ 교류 발전기 전압 조정기 회로 및 경로

(1) 발전기 및 전압 조정기 회로

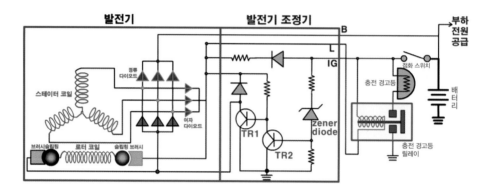

(2) 발전기 및 전압 조정기 회로 경로

❶-1 점화 스위치 IG: 배터리 → 점화 스위치 → 충전 경고등 릴레이 → 발전기 L 단자 → TR1(B → E) → 접지

❶-2 점화 스위치 IG: 배터리 → 점화 스위치 → 충전 경고등 → 충전 경고등 릴레이 → 접지(충전 경고등 점등)

⊙ 충전 경고등 전위차에 의해 점등되고 또한 TR1 증폭 작동시킨다.

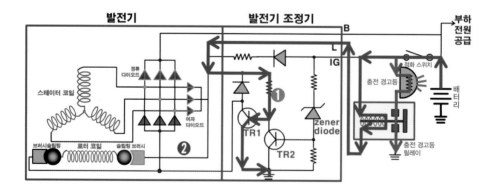

❷ 점화 스위치 IG(TR1 증폭 작용): 배터리 → 점화 스위치 → 발전기 IG 단자 → 로터 코일 → TR1(C→E) → 접지

⊙ TR1이 증폭 작용하면 TR1 베이스에서 이미터로 증폭 전류가 흐르므로 발전기 IG 단자에서 로터 코일로 전기가 흘러 로터 코일을 자화 시킨다.(로터 코일이 자화 되면 스테이터 코일이 로터 코일의 자기장을 끊어 전기를 발생시킨다)

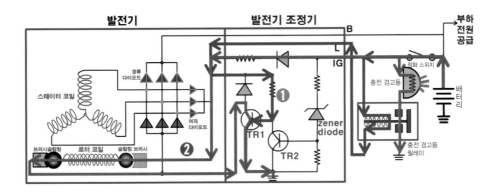

❸ 엔진 시동(충전): 스테이터 코일 → 정류 다이오드 → 발전기 B단자 → 부하 전원 공급 및 배터리 충전

⊙ 스테이터 코일이 자화된 로터 코일의 자기장 끊어 전기를 발생시킨다.

❹ 엔진 시동(충전): 스테이터 코일 → 여자 다이오드 → 발전기 L단자 → 로터 코일 → TR1(C → E) → 접지

◉ 여자 다이오드에서 나온 전압이 로터 코일을 계속 자화시킨다.

❺ 엔진 시동(충전): 스테이터 코일 → 여자 다이오드 → 발전기 L단자 → 전위차 없어 충전 경고등 소등

◉ 발전기 B단자에서 나온 전압과 여자 다이오드에서 나온 전압이 전위차가 없어 충전 경고등이 소등된다.

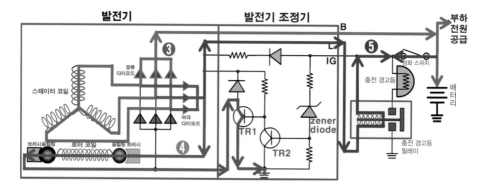

❻ 엔진 시동(충전 중지)(충전 상태 제너 전압 14.8V가 되면): 배터리 (발전기 B단자) → 발전기 IG단자 → 제너 다이오드 → TR2(B → E) → 접지

❼ TR2 가 작동되면 TR1 베이스로 흐르던 전류가 TR2로 흐르므로 TR1 작동 중지되어 로터 코일로 흐르던 여자 전류가 흐르지 않아 충전 중지된다.

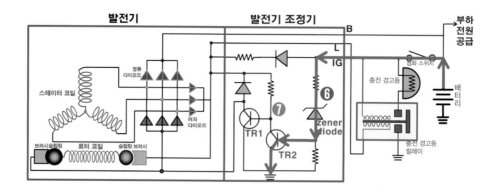

⑤ 발전기 충전 회로 점검

(1) 엔진 정지 상태에서 멀티미터를 이용하여 발전기 B단자의 전압을 점검한다.

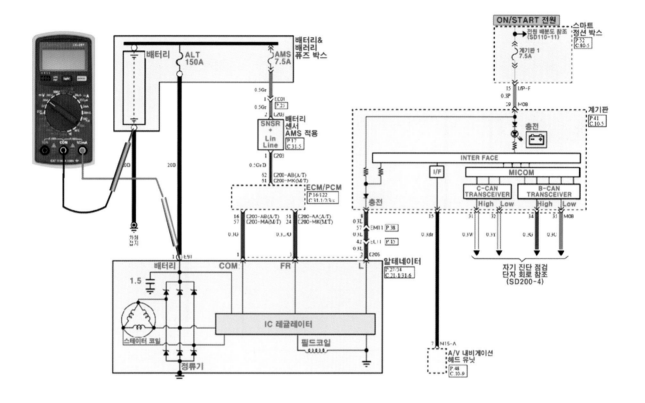

- 정상: 배터리 전압이 검출된다.
- 불량: 전압이 검출되지 않는다.
- 불량하면 발전기 B단자에서부터 ALT 퓨즈(150A) 단선. 발전기 B단
  자에서 배터리 (+)선의 단선. 케이블 선의 접촉 상태를 점검한다.

(2) 점화 스위치 ON(엔진 시동 정지) 상태에서 멀티미터를 사용하여 발전기 L 단자
의 전압을 점검한다.

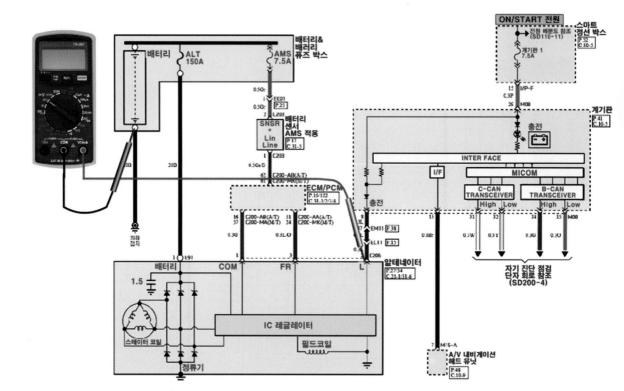

- 정상: 배터리 전압이 검출된다.
- 불량: 전압이 검출되지 않는다.
- 불량하면 배터리 (+)단자에서부터 발전기 L단자까지 배선의 단선. 퓨
즈 단선. 충전 경고등 단선 및 커넥터의 접촉 상태를 점검한다.

(3) 충전 경고등이 점등되지 않는 경우의 점검

① 점화 스위치 ON(엔진 정지) 상태에서 멀티미터를 사용하여 발전기 L단자에 적색 검침봉을, 차체에 흑색 검침봉을 접지시켜 전압을 측정한다.

② 배터리 전압이 검출되는 경우는 배터리 전압이 너무 낮아 점등되지 않는다.

③ 전압이 검출되지 않는 경우 충전 경고등의 단선 여부를 점검한다.

④ 충전 경고등에서부터 발전기 L 단자까지 배선의 단선 여부를 점검한다.

(4) 엔진 시동 후 충전 경고의 점검

① 발전기 L 단자의 커넥터를 분리시켰을 때 소등이 되는 경우

② 발전기 B 단자의 출력 전압을 점검한다.

③ 발전기의 출력 전압이 B 단자에서 13.8~14.8V, L 단자에서 10~13.5V보다 낮다. 발전기를 교환한다.

④ 발전기 L단자의 커넥터를 분리시켰을 때 소등되지 않는 경우 충전 경고등에서부터 L단자 사이의 접지 상태를 점검한다.

03. 발전 제어 시스템^{AMS}

① 발전 제어 시스템(AMS^{Alternator Management System}) 회로

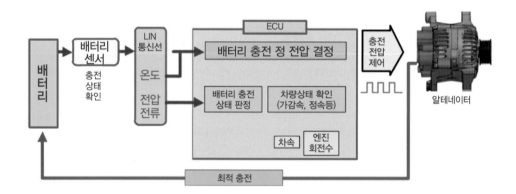

② 발전 제어 시스템 기능

가속 또는 감속 등 차량 운전 조건 및 차량 전기 부하, 배터리 충전 상태를 감지하여 PCM에서 알터네이터의 발전 전압을 제어함으로써 연비 개선 및 최적의 배터리 충전 상태를 유지시켜 준다.

배터리의 충전 상태 및 차량 운전 조건 등에 따라 충전 제어, 방전 제어, 정상 제어를 수행한다.

가속 시에는 배터리 방전 제어를 수행하여 배터리 전력을 소비하고 알터네이터의 발전 전압을 낮춤으로써 알터네이터의 일을 줄이고, 감속 시에는 충전 제어를 수행하여 발전 전압을 높임으로써 소비된 배터리의 전압을 보충한다.

③ 배터리 센서

배터리 (−)단자에 장착된 배터리 센서는 제어 시스템의 구현에 필요한 배터리 액 온도, 전압, 전류를 내부 소자(실리콘 다이오드, 션트 저항)와 맵핑값을 이용해 검출하고 이것을 LIN 통신선을 이용해서 PCM으로 전송한다.

④ 발전기 단자 기능

① **B+단자:** 배터리 충전 단자

② **L단자:** 계기판 내부에 있는 충전 경고등을 구동시키기 위한 단자

③ **S단자:** 발전기 충전 전압과 배터리 전압을 비교(배터리 전압이 약 14.7V 이상 이면 발전 차단)

④ **FR단자:** 필드(로터) 코일의 구동 상태를 PWM 신호로 출력하여 발전기의 상태 를 모니터링

⑤ **C단자:** 발전기의 조정 전압을 제어하기 위해 신호를 내보내는 단자

⑤ 발전 제어 시스템 경로(점화 스위치 IG)

(1) 충전 경고등 점등 회로(점화 스위치 IG)

❶ 배터리 → 점화 스위치 IG → 충전 경고등 → 발전기 L단자 → TR3(B → E) → 접지(TR3 ON)

• 배터리 → 점화 스위치 IG → 충전 경고등 → 발전기 L단자 → TR1(B → E) → 접지(TR1 ON되어 발전기 S단자에서 오는 전원은 TR1 C–E로 흐른다)

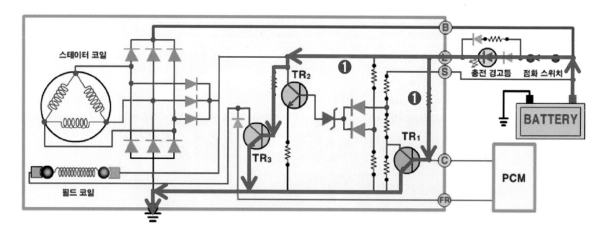

❷ 배터리 → 점화 스위치 IG → 필드(로터) 코일 → TR3(C → E) → 접지(필드 코일 자화)

• TR1 및 TR3 작동되면 필드 코일에 여자 전류 흘러 충전이 된다

❸ PCM(듀티 신호) → FR 단자는 듀티값에 의해 1.5V 이하

PCM(듀티 신호) → C 단자는 듀티값에 의해 5.8~7V

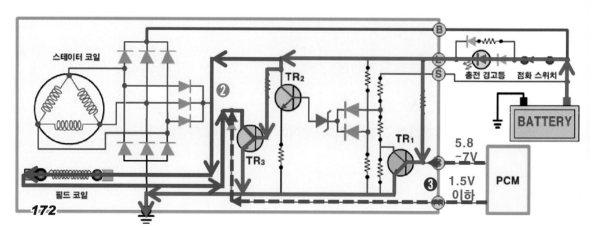

(2) 발전 제어 시스템 회로 경로(엔진 시동되어 발전기 충전 중일 때: 공회전)

❸ 스테이터 코일(교류 전기 발생) → 정류 다이오드(직류) → 발전기 B단자 → 배터리 충전 및 부하 전원 공급

❹ 스테이터 코일(교류 전기 발생) → 여자 다이오드(직류) → 충전 경고등(충전 경고 등 전위차 동 전압이라 소등)

❺ 스테이터 코일(교류 전기 발생) → 여자 다이오드(직류) → TR3(B → E) → 접지(TR3 ON)

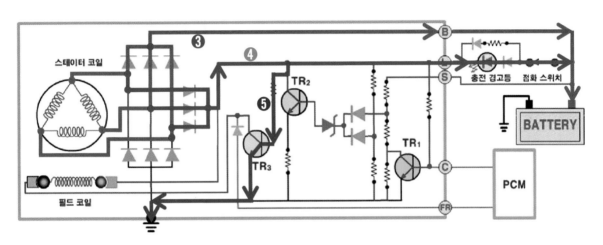

❻ 스테이터 코일(교류 전기 발생) → 여자 다이오드(직류) → 필드(로터) 코일 → TR3(C → E) → 접지(필드 코일 자화)

❼ 스테이터 코일(교류 전기 발생) → 여자 다이오드(직류) → TR1(B → E) → 접지(TR1 ON)

❽ 스테이터 코일(교류 전기 발생) → 발전기 S단자 → TR1(C → E) → 접지

⊙ PCM(듀티 신호) → FR단자는 듀티값 10〜15%, C단자는 듀티값에 의해 1.5V 이하

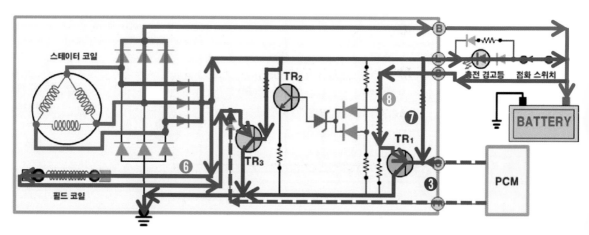

⊙ TR1 ON. TR2 OFF. TR3 ON 일 때 충전

⊙ TR1 OFF. TR2 ON. TR3 OFF일 때 비 충전

(3) 발전 제어 시스템 회로 경로(충전 중지)

⑩ PCM 출력 듀티 LOW 제어: 배터리 → 점화 스위치 → 충전 경고등 → 발전기 L단자 → 발전기 C단자 → PCM(TR1 OFF)

⑪ 배터리 → 발전기 S단자 → 다이오드 → 제너 다이오드 → TR2(B → E) → 접지(TR2 ON)

⑫ 배터리 → 발전기 L단자 → 다이오드 → 제너 다이오드 → TR2(B → E) → 접지(TR2 ON)

⑬ TR2가 ON되면 여자 다이오드에서 나오는 잔류 전류는 TR2(C-E)로 흘러 필드 코일을 자화 하지 못하므로 충전 중지

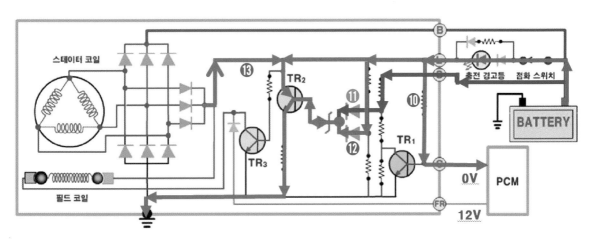

⊙ TR1이 OFF 되면 발전기 L단자와 S단자로 흐르는 전압은 저항의 비율에 의해 상승해 제너 전압 이상 되면 TR2를 작동시키게 된다. TR2가 작동하면 TR3 이후의 전위가 0V가 되므로 TR3가 OFF되어 충전이 되지 않는다.

6 발전 제어 알터네이터의 발전 특성 "C"단자 듀티에 따라 전압 조정

구분	C단자 듀티별 조정 전압			
	10%	50%	70%	80%
전압	11.7-11.9V	13.5-13.7V	14.4-14.6V	14.8-15,8V

듀티 사이클 적용 공식: 발전 전압 = 11.25 + {C단자 Duty(%) × 0.045}

예 Duty = 70% 일 때, 발전 전압 = 11.25 +(70×0.045) = 14.40V

C 단자 듀티에 따라 조정 전압이 변화되는 전압값으로 알터네이터 양, 부 판정을 할 수 없으므로 전류로 판정

7 발전 제어 시스템 점검

(1) "Fr"단자 신호 점검·판정 방법

① 커넥터 연결 상태가 정상인지 확인.

② 측정 장비: Hi-스캔, Hi-Ds.(멀티미터 사용 불가)

③ IG-ON, 무부하 상태에서 측정한다.(시동 걸지 말 것)

분류	항목	정상값	판정	불량 시 점검 부품
판정 기준	주파수	212 Hz ~ 288 Hz	정상	알터네이터 의 레귤레이터
	"Fr"단자 전압값	LOW: 1.5V 이하	정상	

(2) "C"단자 신호 점검·판정 방법

① 커넥터 연결 상태가 정상인지 확인.

② 측정 장비: Hi-스캔, Hi-Ds. (멀티미터 사용 불가)

	항목		정상값	불량 시 점검 부품
판정 기준	주파수	가솔린 & 디젤 일부	107~143Hz	ECU
		디젤	212~288Hz	
	▶ 배선 연결 상태 ECU "C"단자 점검 방법 "C"단자 전압값: 부하 아이들 상태로 1분간 가동 후 측정		최소값 : 1.7V 이하	
			최대값 : 3.3V 이상	
	▶ 알테네이터 "C"단자 점검 방법 "C"단자 전압값: 엔진 OFF시동 키 완전히 뽑은 상태에서 측정 ▶ 측정 방법 ● 커넥터를 분리하고 "C" 단자만 연장선을 빼낸다. ● 알테네이터 "C" 단자와 발전기 몸체간 측정		5.8~7.0V	발전기의 레귤레이터

⑧ 발전 제어 시스템 파형

(1) 배터리 센서 "LIN"통신

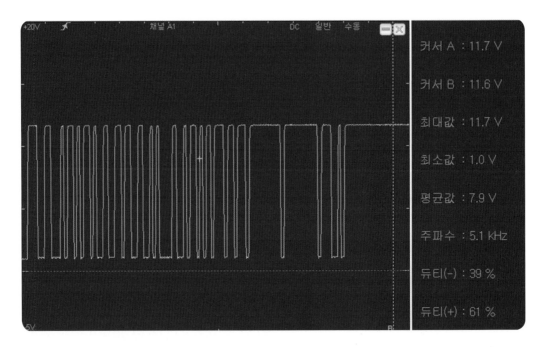

(2) IG ON시 발전기의 "C"단자와 "FR"단자 파형

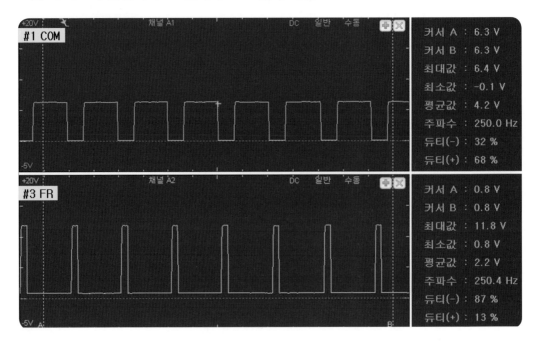

(3) 시동시 "L"단자

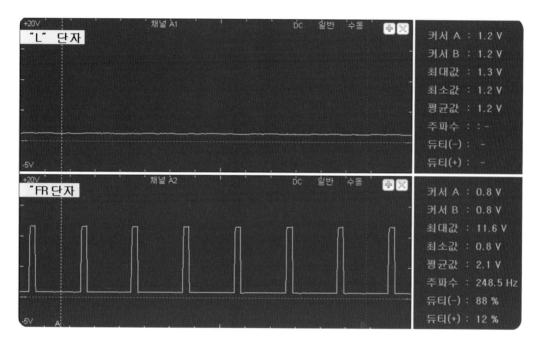

(4) 시동 이후 부하에 따른 FR DUTY 변화

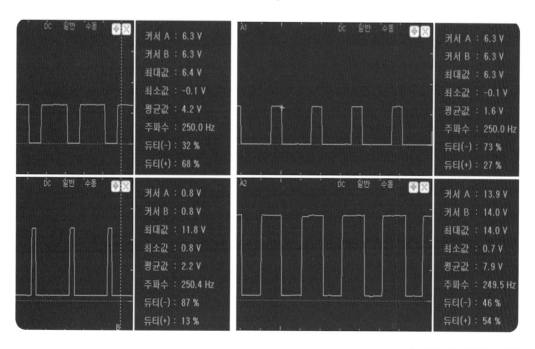

04. 냉각 장치 회로

① 냉각 장치 회로

(1) 냉각 장지 회로 작동

상시 전원은 엔진 컨트롤 릴레이로 공급되며 엔진 컨트롤 릴레이는 ECM에 의해 제어된다.

이그니션 스위치가 ON 되면 ECM·PCM에 의해 엔진 컨트롤 릴레이가 ON 되고, 엔진 컨트롤 릴레이의 상시 전원은 냉각팬 LO·HI) 릴레이 코일 입력 단자로 인가된다.

ECM·PCM은 에어컨 작동 및 엔진 냉각수의 온도에 따라 냉각팬 LO·HI 작동 여부를 판단하여 냉각팬(LO·HI) 릴레이를 작동시켜 저속 및 고속으로 제어한다.

(2) 냉각팬 저속 작동

저속 작동 조건이 되면 냉각팬(LO) 릴레이 5번 단자가 ECM·PCM 20, 59, 31번 단자를 통하여 접지되면 냉각팬 릴레이 1, 2번 접점이 ON 되어 냉각팬 모터의 2번 단자로 전원을 공급한다.

이때 상시 전원은 냉각팬 모터의 내부 저항을 거쳐 모터로 전원을 공급함으로 전압 강하 만큼의 저속으로 작동한다.

(3) 냉각팬 고속 작동

고속 작동 조건이 되면 냉각팬(HI) 릴레이 5번 단자가 ECM/PCM 36, 14, 53번 단자를 통하여 접지되면 냉각팬(HI) 릴레이 1, 2번 접점이 ON 되어 냉각팬 모터의 1번 단자로 전원을 공급한다.

이때 상시 전원은 아무런 저항 없이 냉각팬 모터로 전량 공급함으로 고속으로 작동하게 된다.

(4) 냉각 수온 센서(ECTS: ^{Engine Coolant Temperature Sensor}): 엔진 냉각수의 온도를 측정한다.

ECM·PCM의 전원은 하나의 저항체를 거쳐 냉각 수온 센서에 공급되며, 그 저항체와 서미스터는 직렬로 연결되어 있다. 따라서 냉각 수온의 변화에 따라 서미스터의 전기 저항이 변화하면 출력 신호 또한 변화하게 된다. 냉간 시동 시 엔진의 시동 꺼짐 혹은 엔진 부조를 방지하기 위하여 ECM·PCM은 냉각 수온의 정보를 통해 연료 분사량과 점화시기를 보정하고 냉각팬을 제어하는 역할을 한다.

냉각 수온 센서

냉각 팬

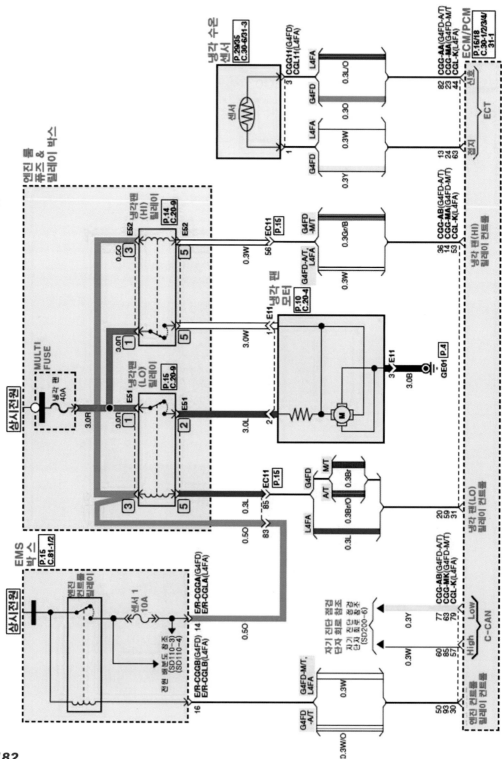

(1) 로어 냉각팬

❶ 냉각 수온 센서: ECM에서 냉각수 온도 검출하여 냉각 팬 LO 제어

❷ ECM 엔진 컨트롤 릴레이 접지와 제어: 상시 전원 → 엔진 컨트롤 릴레이 → ECM(엔진 컨트롤 릴레이)

❸ 냉각팬 LO: 상시 전원 → 엔진 컨트롤 릴레이(포인트) → 냉각팬 LO 릴레이 → ECM(냉각 팬 LO 릴레이)

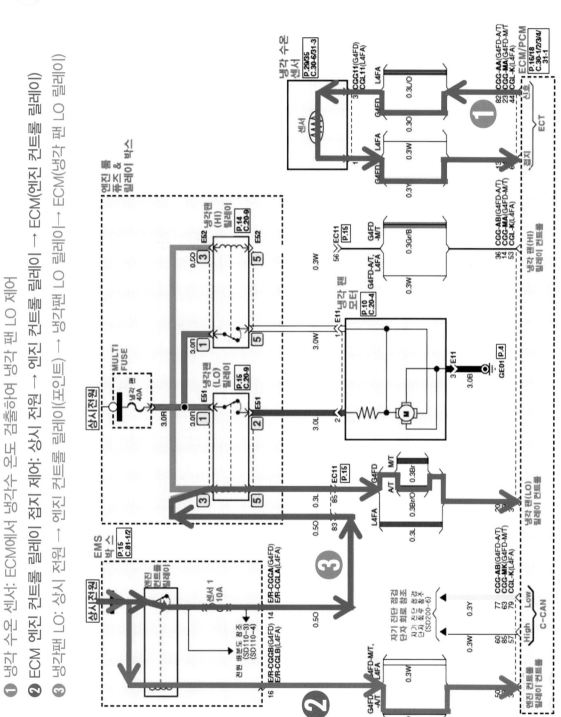

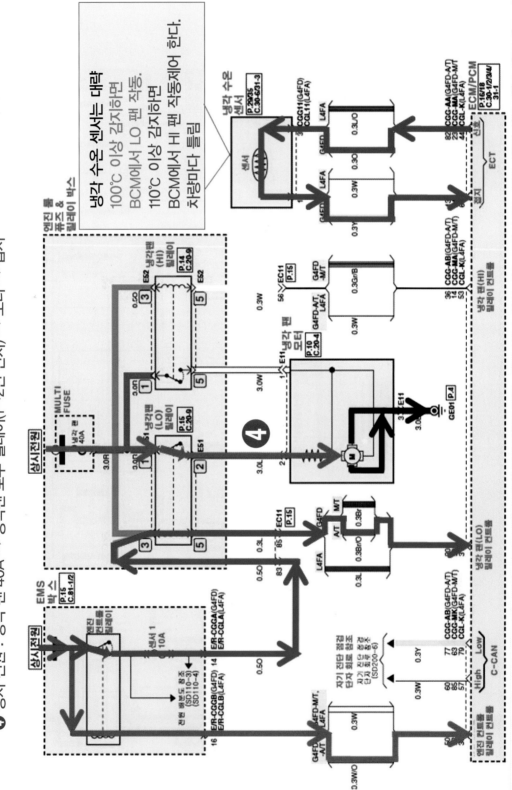

❹ 상시 전원 : 냉각 팬 40A → 냉각팬 로우 릴레이(1→2번 단자) → 모터 → 접지

냉각 수온 센서는 대략
100℃ 이상 감지하면
BCM에서 LO 팬 작동.
110℃ 이상 감지하면
BCM에서 HI 팬 작동제어 한다.
차량마다 틀림

(2) 하이 냉각

① 냉각 수온 센서: ECM에서 냉각수 온도 검출하여 냉각 팬 HI 제어

② ECM 엔진 컨트롤 릴레이 접지 제어: 상시 전원 → 엔진 컨트롤 릴레이 → ECM(엔진 컨트롤 릴레이)

③ 냉각팬 HI: 상시 전원 → 엔진 컨트롤 릴레이(포인트) → 냉각팬 HI 릴레이 → ECM(냉각 팬 HI 릴레이)

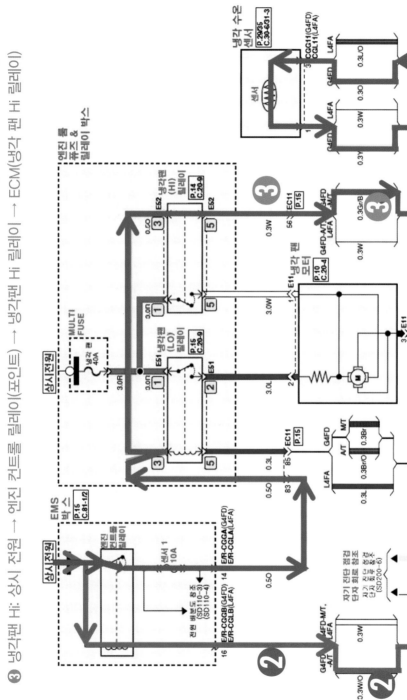

❹ 상시 전원: 냉각 팬 40A → 냉각팬 하이 릴레이(2 → 5번 단자) → 모터 → 접지

냉각 수온 센서는 대략
100℃ 이상 감지하면
BCM에서 LO 팬 작동.
110℃ 이상 감지하면
BCM에서 HI 팬 작동제어 한다.
차량마다 틀림

냉각 수온
센서

센서

엔진 룸
퓨즈 &
릴레이 박스

MULTI
FUSE

냉각 팬
40A

상시전원

E52 냉각팬
(HI)
릴레이
P.14
C.20-9

E51 냉각팬
(LO)
릴레이
P.15
C.20-9

❹

E11 냉각 팬
모터
P.10
C.20-4

GE01 P.4

EMS
박스
P.16
C.81-1/2

상시전원

엔진
컨트롤
릴레이

센서 1
10A

E/R-CGGB(G4FD)
E/R-CGLB(L4FA) 14

전원 배분도 참조
(SD110-3)
(SD110-4)

E/R-CGGA(G4FD)
E/R-CGLA(L4FA)

EC11
P.16

EC11
P.16

G4FD
A/T
L4FA

0.3BrO

M/T
0.3Br

G4FD-M/T,
L4FA
0.3W

엔진 컨트롤
릴레이 컨트롤

냉각 팬(LO)
릴레이 컨트롤

C-CAN

자기 진단 점검
단자 최초 접조
자기 진단 접점
단자 회초 접후
(SD200-6)

Low
High

CGG-AB(G4FD-A/T)
CGG-MK(G4FD-M/T)
CGL-K(L4FA)

냉각 수온
센서

ECM/PCM
P.16/18
C.30-1/23/41/
31-1

L4FA

CGG11(G4FD)
CGL11(L4FA)

ECT

G4FD-A/T
L4FA

CGG-AB(G4FD-A/T)
CGG-MA(G4FD-M/T)
CGL-K(L4FA)

냉각 팬(HI)
릴레이 컨트롤

CGG-AA(G4FD-A/T)
CGG-MA(G4FD-M/T)
CGL-K(L4FA)

ECT

접지

4 냉각 장치 회로 점검

(1) 냉각 장치 회로 점검은 아래 사항 먼저 점검 후 다음 장에서 배선 단선 혹은 커넥터 접촉 불량 등을 점검한다.

① 센서 1 퓨즈 10A 단선 점검

② 냉각팬 퓨즈 40A 단선 점검

③ 냉각팬 LO 릴레이 점검

④ 냉각팬 HI 릴레이 점검

⑤ 냉각팬 모터 점검

⑥ 냉각 수온 센서 점검

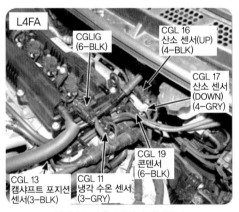

엔진 룸 좌측 냉각 수온 센서

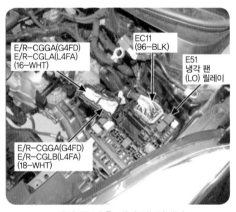

엔진 룸 좌측 냉각 팬 릴레이

(2) 아래 회로에서 릴레이 탈거 후 전압을 측정하였을 때 정상적인 전압값은? (점화 스위치 IG 혹은 시동)

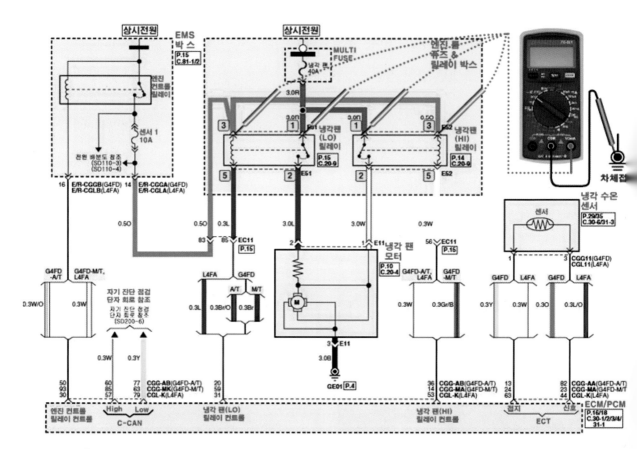

⚙ 정상값 및 불량할 때 정비 방법

점검 요소	정상값	불량할 때 정비 방법
LO & HI 릴레이 3번 단자	12V	▶ LO 및 HI 릴레이 3번 단자 불량이면 상시 전원에서 3번 단자까지 단선 되었으므로 • 10A 퓨즈 단선 • 릴레이 단선 • 회로 단선 혹은 커넥터 접촉 불량 등을 점검한다.
LO & HI 릴레이 1번 단자	12V	▶ LO 및 HI 릴레이 1번 단자 불량이면 상시 전원에서 1번 단자 까지 단선 되었으므로 • 40A 퓨즈 단선 • 릴레이 단선 • 회로 단선 혹은 커넥터 접촉 불량 등을 점검한다.

(3) 아래 회로에서 릴레이 탈거 후 전압을 측정하였을 때 정상적인 전압값은? (점화 스위치 IG 혹은 시동)

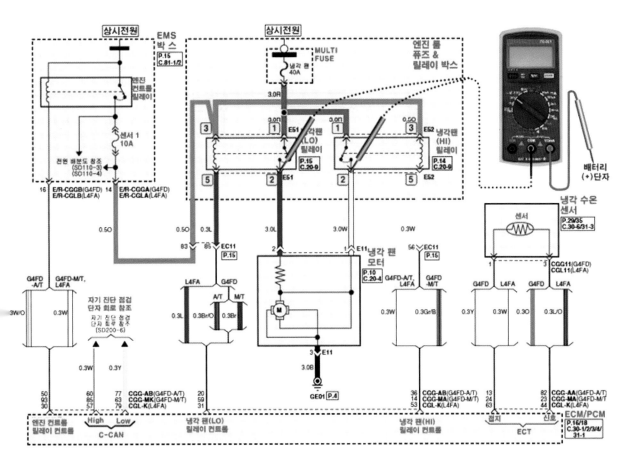

⚙ 정상값 및 불량할 때 정비 방법

점검 요소	정상값	불량할 때 정비 방법
LO & HI 릴레이 2번 단자	12V	▶ LO 및 HI 릴레이 2번 단자 불량이면 2번 단자부터 접지까지 단선이므로 • 접지 연결 상태, 팬 모터 회로 단선, 커넥터 접촉 불량, 모터 등을 점검 한다.

(4) 아래 회로에서 릴레이 탈거 후 냉각수 온도를 상승시킨 후 전압을 측정하였을 때 정상적인 전압값은? (엔진 냉각수 온도 95℃ LO팬 작동. 98℃ HI 팬 작동시키면서 측정)

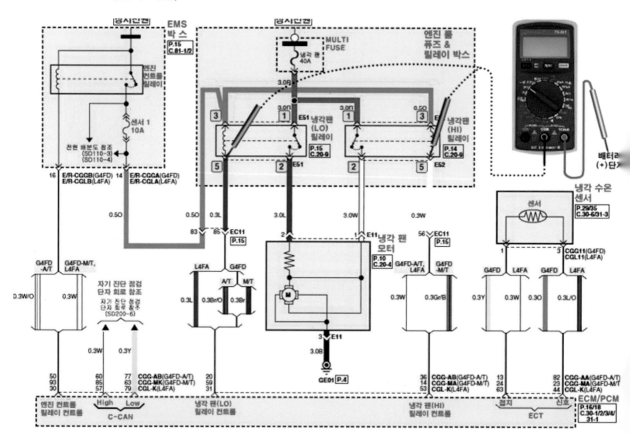

⚙ 정상값 및 불량할 때 정비 방법

점검 요소	정상값	불량할 때 정비 방법
LO & HI 릴레이 5번 단자	12V	▶ PCM에서 릴레이 접지를 제어하여 모터를 작동시킨다. • 양호 : 배터리 전압. • 불량 : 0V(회로 단선) ▶ LO 및 HI 릴레이 5번 단자 불량이면 5번 단자에서 PCM 사이 회로가 단선 되었으므로 • 냉각 수온 센서 혹은 회로 단선 • PCM 불량 • PCM에서 릴레이 5번 단자 회로 단선

05. 엔진 컨트롤 회로

① 엔진 컨트롤 회로(아반떼 HD) 개요

엔진 컨트롤 모듈은 이그니션 스위치를 ON시키면 엔진 제어 시스템의 구성 부품(센서류, 액추에이터류, PCM, 인젝터 등)이 작동 준비 상태가 된다.

이 때 이그니션 스위치를 START 하면 엔진이 기동하고 시동이 걸리면서 엔진 제어 구성 요소 센서 및 액추에이터와 상시 또는 특정 시점에 신호를 주고받아 연비 향상, 엔진 성능 향상, 배기가스 저감을 위하여 실린더 내로 유입되는 흡입 공기량과 배기 중의 공연비를 반영하여 인젝터의 작동 시간을 조절하여 엔진 제어 시스템이 요구하는 공연비를 만족하도록 연료 분사량을 제어한다.

② 엔진 컨트롤 회로 입·출력 신호(아반떼 HD)

컨트롤 회로를 참조하여 전압계. 자기 진단기. 오실로스코프를 사용하여 입·출력 신호 값을 점검한다.

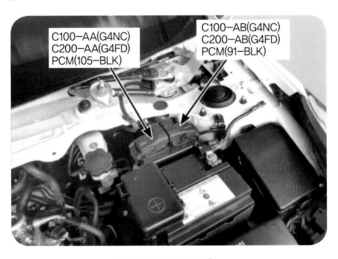

PCM 엔진룸 뒤 좌측

PCM 커넥터 입·출력 단자: CGG-AA(아반떼 MD)

⚙ PCM 커넥터 입·출력 단자_1: CGG-AA

단자	신호명	조건	입·출력 신호	
			형식	레벨값
1	ECM 접지	공회전	DC 전압	최대 50mV
2	ECM 접지	공회전	DC 전압	최대 50mV
3	배터리 전원(B+)	IG OFF IG ON	DC 전압	최대 1.0V 배터리 전압
4	ECM 접지 공회전	공회전	DC 전압	최대 50mV
5	배터리 전원(B+)	IG OFF IG ON	DC 전압	최대 1.0V 배터리 전압
6	배터리 전원(B+)	IG OFF IG ON	DC 전압	최대 1.0V 배터리 전압
7	센서 접지	공회전	DC 전압	최대 50mV
8	센서 접지	공회전	DC 전압	최대 50mV
10	센서 접지	공회전	DC 전압	
13	센서 전원(+5V)	IG OFF IG ON		최대 0.5V 4.9~5.1V
15	센서 전원(+5V)	IG OFF IG ON		최대 0.5V 4.9~5.1V
16	알터네이터 COM 신호	펄스	펄스	하이: 배터리 전압 로우: 최대 0.6V
20	쿨링팬 릴레이 [로우] 제어	작동 Off 작동 On	DC 전압	배터리 전압 최대 1.76V
22	ETC 모터 [-] 제어	공회전	펄스	하이: 배터리 전압 로우: 최대 1.0V

23	ETC 모터 [+] 제어	공회전	펄스	하이: 배터리 전압 로우: 최대 1.0V
25	센서 접지	공회전	DC 전압	최대 50mV
26	맵 센서(MAPS) 신호 입력	공회전	아날로그	0.6683 – 4.346V
27	레일 압력 센서(RPS) 신호 입력	공회전	아날로그	0.43 – 3.46V
28	흡기 온도 센서(IATS) 신호 입력	공회전	아날로그	0.209 – 4.756V
29	전기 부하 신호 입력 [디프로스트]	ON OFF	DC 전압	배터리 전압 OFF 최대 2.25V
30	전기 부하 신호 입력 [전조등 스위치]	ON OFF	DC 전압	최대 2.25V 배터리 전압
36	쿨링팬 릴레이 [하이] 제어	작동 ON 작동 OFF	DC 전압	배터리 전압 최대 1.76V

⚙ PCM 커넥터 입·출력 단자_2: CGG–AA

단자	신호명	조건	입·출력 신호	
			형식	레벨값
37	캐니스터 클로즈 밸브(CCV) 제어 (이모빌라이저 미적용)	작동 ON 작동 OFF	DC 전압	배터리 전압 최대 1.76V
	연료 펌프 릴레이 제어 (이모빌라이저 적용)	릴레이 OFF릴레이 ON	DC 전압	배터리 전압 최대 1.44V
39	CVVT 오일 컨트롤 밸브(OCV) [뱅크 1/배기] 제어	공회전	펄스	하이: 배터리 전압 로우: 최대 1.65V
40	점화 코일(실린더 #2) 제어	공회전	펄스	1차 전압: 370~30V ON 전압: 최대 2.2V
42	센서 접지	공회전	DC 전압	최대 50mV
44	A/C 프레셔 트랜스듀서(APT) 신호 입력	A/C ON	아날로그	0.348~4.63 V
46	브레이크 Light 스위치 신호 입력	ON OFF	DC 전압	배터리 전압 최대 2.25V
47	캠샤프트 포지션 센서 신호 입력(exhaust)	공회전	펄스	하이 : min. 4.8V 로우: 최대 0.6V
48	캠샤프트 포지션 센서(CMPS) [뱅크 1 / 배기] 신호 입력	–	–	–

⚙ PCM 커넥터 입·출력 단자_2: CGG-AA

단자	신호명	조건	입·출력 신호 형식	입·출력 신호 레벨값
49	와이퍼 스위치 신호 입력	ON OFF	DC 전압	배터리 전압 최대 2V
50	메인 릴레이 제어	릴레이 OFF 릴레이 ON	DC 전압	배터리 전압 최대 1.7V
51 51	연료 펌프 릴레이 제어 릴레이 OFF(이모빌라이저 미적용)	릴레이 OFF 릴레이 ON	DC 전압	배터리 전압 최대 1.44V
	캐니스터 클로즈 밸브(CCV) (이모빌라이저 적용)	릴레이 OFF 릴레이 ON	DC 전압	배터리 전압 최대 1.76V
56	CVVT 오일 컨트롤 밸브(OCV) [뱅크 1/흡기] 제어	공회전	펄스	하이: 배터리 전압 로우: 최대 1.65V
57	점화 코일(실린더 #1) 제어	공회전	펄스	1 차 전압: 370–430V ON 전압: 최대 2.2V
58	CAN 2 [하이]	–	–	–
60	CAN 2 [하이]	RECESSIVE DOMINANT	펄스	2.0 ~ 3.0V 2.75 – 4.5V
61	이모빌라이저 통신 라인	IG ON 후 통신시	펄스	하이 : 최소 8.4V (at 14V) 로우: 최대 6.44V (at 14V)
62	LIN 통신 신호 입력	RECESSIVE DOMINANT	펄스	max 5.6V(at 14V) min 8.4V(at 14V)
63	엔진 속도 신호 출력	공회전	펄스	하이: 배터리 전압 로우: 최대 0.6V

⚙️ PCM 커넥터 입·출력 단자_3: CGG-AA

단자	신호명	조건	입·출력 신호 형식	입·출력 신호 레벨값
64	차속 신호 입력	공회전	펄스	하이: 최소 5.4V 로우: 최대 2.25V
66	캠샤프트 포지션 센서(CMPS) [뱅크 1/흡기] 신호 입력	공회전	펄스	하이: min. 4.8V 로우: 최대 0.6V
67	스타트 신호 입력	ON OFF	DC 전압	배터리 전압 OFF 최대 2V
68	점화 스위치 신호 입력	IG OFF IG ON	DC 전압	최대 1.0V 배터리 전압
71	스타트 릴레이 제어(로우)	릴레이 OFF 릴레이 ON	DC 전압	배터리 전압 최대 2.64V
74	점화 코일(실린더 #4) 제어	IG OFF IG ON	공회전	1차 전압: 370~30V ON 전압: 최대 2.2V
75	배터리 전원(B+)	IG OFF IG ON	DC 전압	최대 1.0V 배터리 전압
76	CAN 2 [로우]	--	-	-
77	CAN [로우]	RECESSIVE DOMINANT	펄스	2.0~ 3.0V DOMINANT 0.5~2.25V
78	크랭크샤프트 포지션 센서(CKPS) [B] 신호 입력	공회전	펄스	Vp_p : 최소 1.0V
79	크랭크 샤프트 포지션 센서(CKPS) [A] 신호 입력	공회전	펄스	Vp_p : 최소 1.0V
80	센서 접지	공회전	DC 전압	최대 50mV
81	휠 속도 센서 [B] 신호 입력 [ABS/VDC 비 장착 차량]	주행중	SINE 파형	Vp_p : 최소 0.2V
82	휠 속도 센서 [A] 신호 입력 [ABS/VDC 비 장착 차량]	공회전	펄스	Vp_p : 최소 0.2V
83	A/C 컴프레서 릴레이 제어	릴레이 OFF 릴레이 ON	DC 전압	배터리 전압 최대 1.0V
85	가변 흡기 솔레노이드(VIS) 밸브 제어	릴레이 OFF 릴레이 ON	DC 전압	배터리 전압 릴레이 ON 최대 : 1.65V
91	점화 코일(실린더 #3) 제어	공회전	펄스	1차 전압: 370~430V ON 전압: 최대 2.2V

③ 엔진 컨트롤 회로

⚙ 엔진 컨트롤 회로_1

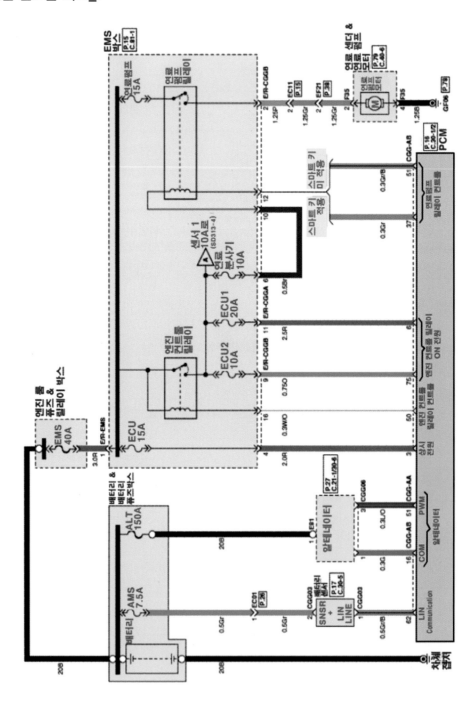

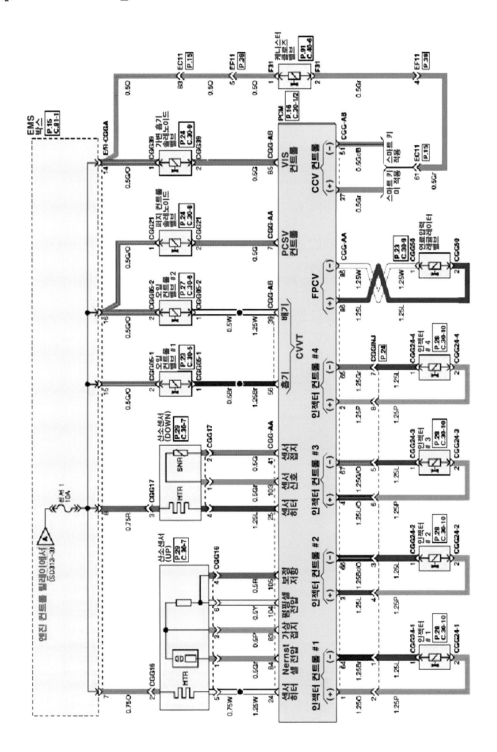

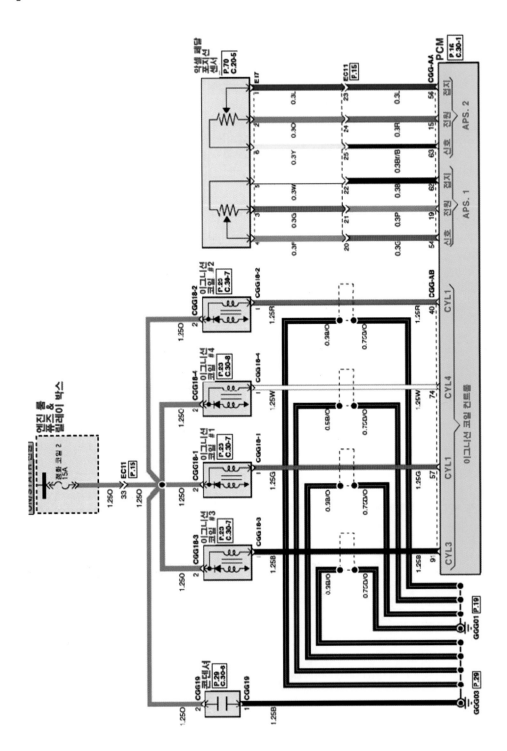

198

엔진 컨트롤 회로_4

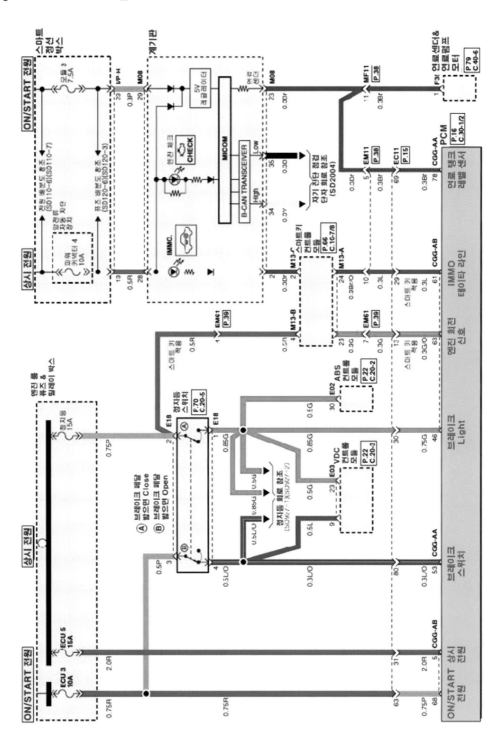

엔진 컨트롤 회로 5

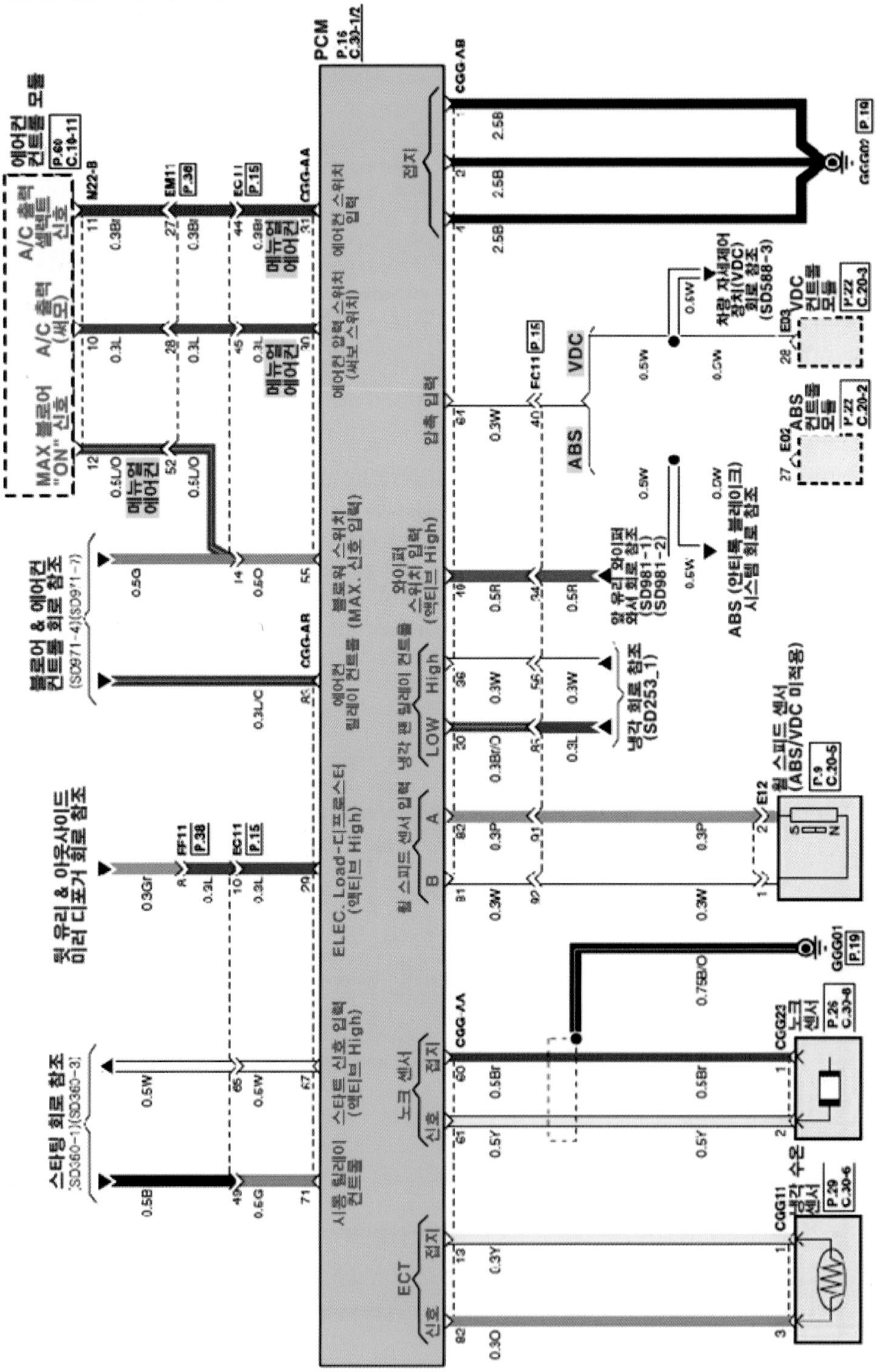
PCM
P.16
C.39-1/2
에어컨 컨트롤 모듈
A/C 출력 셀렉트 신호
A/C 출력 (써모)
MAX 블로어 "ON" 신호
블로어 & 에어컨 컨트롤 회로 참조
뒷 유리 & 아웃사이드 미러 디포거 회로 참조
스타팅 회로 참조
냉각 팬 릴레이 컨트롤
휠 스피드 센서 입력
노크 센서
ECT
냉각 수온 센서
노크 센서
휠 스피드 센서 (ABS/VDC 미적용)
냉각 회로 참조 (SD253_1)
ABS (안티록 브레이크 시스템) 회로 참조
차량 자세제어 장치(VDC) 회로 참조 (SD588-3)
ABS 컨트롤 모듈
VDC 컨트롤 모듈
ABS
VDC
접지

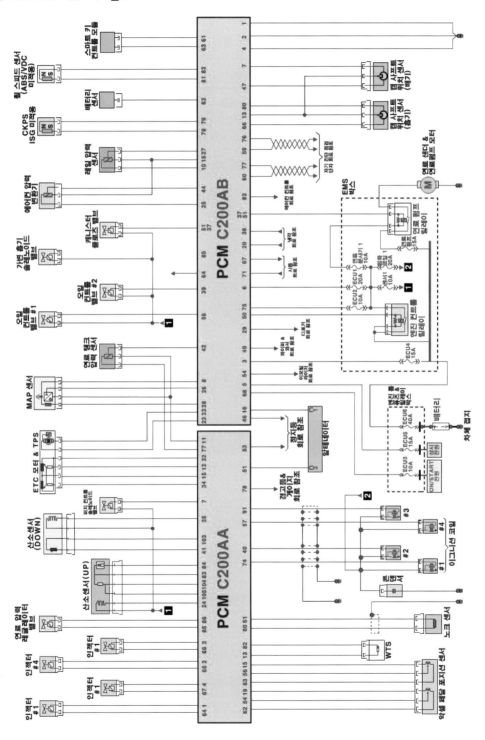

4 엔진 컨트롤 회로

(1) 엔진 컨트롤 연료 펌프 회로

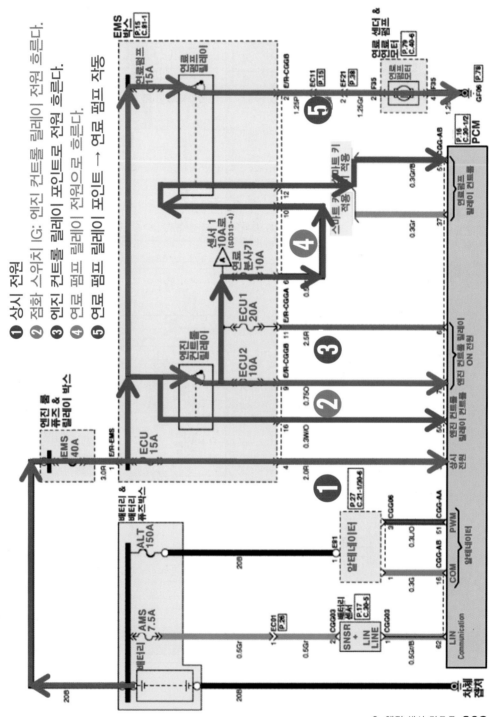

❶ 상시 전원
❷ 점화 스위치 IG: 엔진 컨트롤 릴레이 전원 들른다.
❸ 엔진 컨트롤 릴레이 포인트로 전원 들른다.
❹ 연료 펌프 릴레이 전원으로 들른다.
❺ 연료 펌프 릴레이 포인트 → 연료 펌프 작동

5 엔진 컨트롤 회로 입·출력 센서 및 액추에이터 기능

(1) MAP 센서(MAPS Manifold Absolute Pressure Sensor)

흡기관의 압력을 계측하여 흡입 공기량을 간접적으로 산출하는 간접 계측 방식이며, 속도 밀도 방식Speed-DensityType이라고도 한다.

맵 센서는 압력의 변화에 따라 절대 압력에 비례하는 아날로그 출력 신호를 PCM으로 전달하고 PCM은 이 신호를 이용하여 엔진 회전수와 함께 흡입 공기량을 산출하기 위한 기본 정보로 사용한다.

(2) 흡기 온도 센서(IATS Intake Air Temperature Sensor)

맵 센서MAPS 내부에 장착되어 있으며, 온도가 올라가면 저항이 감소하고 온도가 내려가면 저항이 증가되는 부특성NTC 서미스터의 특성을 가지고 있다. 흡기 온도 센서는 흡입되는 공기 중에 노출되어 있으며 공기의 온도 변화에 따라 서미스터의 저항값이 변화하게 되는데 PCM은 이 변화 값을 검출하여 흡기 온도를 계산하고 이를 통해 연료 분사량과 시기를 보정한다.

(3) 냉각 수온 센서(ECTS Engine Coolant Temperature Sensor)

엔진 냉각수의 온도를 측정한다. PCM의 전원은 하나의 저항체를 거쳐 냉각 수온 센서에 공급되며, 그 저항체와 서미스터는 직렬로 연결되어 있다. 따라서 냉각 수온의 변화에 따라 서미스터의 전기 저항이 변화하면 출력 신호 또한 변화하게 된다. 냉간 시동시 엔진의 시동 꺼짐 혹은 엔진 부조를 방지하기 위하여 PCM은 냉각 수온의 정보를 통해 연료 분사량과 점화시기를 보정한다.

(4) ETC 모터 & 스로틀 포지션 센서

전자식 액셀러레이터페달 모듈에 장착된 액셀러레이터 페달 위치 센서(APS Accelerator Position Sensor)의 신호에 따라 PCM이 ETC 모터로 스로틀 밸브의 개폐를 제어하며 별도의 추가 장치 없이 크루즈 컨트롤 기능을 구현할 수 있다.

(5) 액셀러레이터 페달 포지션 센서(APS ^{Accelerator Position Sensor})

운전자의 가속 의지를 판단하기 위해 액셀러레이터 페달에 가해진 압력을 검출하는 센서로 페달 상단에 센서 1, 2가 장착되어 있다. 센서 1, 2의 전압차는 페달을 밟을수록 증가하며 센서 2는 센서 1의 절반 값을 출력한다.

PCM은 입력받은 두 신호를 합친 후 다시 둘로 나눈 평균값을 액셀러레이터 페달의 위치 값으로 인식하여 연료량 등을 제어한다.

(6) 산소 센서(HO2S ^{Heated Oxygen Sensor})

배기가스 속의 산소 농도를 감지하여 PCM에 전달하는 역할을 한다. 산소 센서가 정상적으로 작동하기 위해서는 센서 팁 부분의 온도가 일정 온도(통상 370도) 이상으로 유지되어야 하는데 이를 위하여 센서 내부에는 듀티 제어 형식의 히터가 내장되어 있다. 이는 배기가스 온도가 일정 온도보다 낮을 경우 센서가 정상적으로 작동하도록 센서 팁 부분의 온도를 일정 온도 이상으로 가열하는 역할을 한다.

(7) 크랭크샤프트 포지션 센서(CKPS ^{Crankshaft Position Sensor})

엔진 회전수를 검출하는 센서이다.

엔진 회전수는 전자 제어 엔진에 있어 가장 중요한 변수이며, 엔진 회전수 신호가 PCM으로 입력이 되지 않으면 CKPS 신호 미입력으로 인하여 엔진이 멈출 수 있다.

(8) 캐니스터 클로즈 밸브(CCV ^{Canister Close Valve})

증발가스 제어 시스템의 누기 감지 시스템 작동 시 캐니스터와 대기를 차단하여 해당 시스템을 밀폐시키는 역할을 한다.

(9) 캠샤프트 포지션 센서(CMPS ^{Camshaft Position Sensor})

1번 실린더의 압축 상사점을 검출하는 센서로서 캠축의 종단에 장착되며 홀타입의 센서와 타켓 휠로 구성되어 있다. 센서의 신호 검출부가 타켓 휠의 돌기에 의해 차단되면 높은 전압이 발생하며 반대의 경우는 낮은 전압이 출력된다. PCM은 캠샤프트 포지션 센서의 신호를 이용하여 각 기통의 위치를 인식한다.

(10) 노크 센서(KS^{Knock Sensor})

노킹 발생시 진동을 감지하여 PCM으로 전달하는 역할을 한다.

이 센서는 노킹 신호(전압)를 출력하며, 이 신호를 받은 PCM은 점화시기를 지각시키고, 지각 후 노킹 발생이 없으면 다시 진각시키는 연속적인 제어를 통하여 토크 출력 및 연비가 항상 최적이 되도록 점화시기를 제어한다.

(11) 연료 탱크 압력 센서(TPS^{Fuel Tank Pressure Sensor})

증발가스 제어 시스템의 구성 요소로서 연료 탱크, 연료 펌프 또는 캐니스터 등에 장착되어 있으며, 퍼지 컨트롤 솔레노이드 밸브^{PCSV} 작동 상태와 증발가스 제어 시스템의 누기 여부를 점검하는 역할을 한다.

(12) 퍼지 컨트롤 솔레노이드 밸브(PCSV ^{Purge Control Solenoid Valve})

캐니스터와 연결된 진공 라인을 제어하는 역할을 한다.

캐니스터에 포집된 연료 증발가스는 PCM 제어에 따라 퍼지 컨트롤 솔레노이드 밸브의 작동에 의해 연소실로 공급된다.

(13) 오일 컨트롤 밸브(OCV ^{Oil Control Valver})

엔진 회전수와 엔진 부하에 따른 PCM 제어 신호에 의하여, 흡기 또는 배기 밸브의 개폐시기를 진각^{Advance} 또는 지각^{Retard}시키는 장치이다.

(14) 가변 흡기 솔레노이드 밸브(VIS:^{Variable Intake Solenoid Valve})

흡기관 내의 가변 밸브를 구동하는 진공 밸브를 제어하는 역할을 하며, 엔진 구동 조건에 따른 PCM 제어 신호에 의해 제어된다.

(15)이그니션 코일

점화시기는 전자 제어 점화 장치에 의해 제어되며 엔진 작동 상태에 따른 표준점화시기 데이터는 PCM^{Powertrain Control Module}의 메모리에 저장되어 있다.

엔진 작동 상태(속도, 부하, 웜업 상태 등)는 다양한 센서에 의해 검출된다. 이러한 센서 신호와 점화시기 데이터를 바탕으로 1차 전류 차단 신호를 PCM으로 부터 받아 이그니션 코일이 활성화되고 점화시기가 제어된다.

(16) 인젝터

전자 제어 연료 분사 장치로서 다양한 엔진 구동 조건에 대한 최적의 연소를 위하여 정확하게 계산된 연료를 분무 형태로 엔진에 공급하는 솔레노이드 밸브이다.

PCM은 연비 향상, 엔진 성능 향상, 배기가스 저감을 위하여, 실린더 내로 유입되는 흡입 공기량과 배기 중의 공연비를 반영하여 인젝터 작동 시간을 조절하여 엔진 제어 시스템이 요구하는 공연비를 만족하도록 연료 분사량을 제어한다.

(17) 레일 압력 센서(RPS^{Rail Pressure Sensor})

반도체 소자를 이용하여 딜리버리 파이프의 연료 압력을 측정하여 전압 값으로 PCM에 전달하는 역할을 한다. 이 전압 신호를 이용하여 PCM은 정확한 연료 분사량과 분사시기를 제어할 수 있으며, 목표 연료 압력과 실제 연료 압력이 상이할 경우, 연료 압력 조절 밸브를 이용하여 연료 압력을 조절할 수 있다.

(18) 에어컨 압력 변환기(APT^{A/C Pressure Transducer})

차량의 에어컨 냉매 압력를 판단하기 위해서 PCM으로 입력된 에어컨 압력 신호를 CAN 통신을 통해서 에어컨 컨트롤 모듈이 받는다.

에어컨 냉매 압력이 비정상일 경우 에어컨 컴프레서를 제어하지 않기 위한 신호로 사용된다.

(19) 정지등 스위치

PCM은 ETC 시스템의 기능 불량을 감지하기 위하여 브레이크 신호를 이용한다. 브레이크 스위치의 고장 진단을 위하여 두 가지(브레이크 경고등 스위치, 브레이크 점검 스위치)신호가 이용되며 두 신호는 브레이크 작동 여부에 따라 각각 반대 값을 전송한다.

브레이크를 밟지 않은 상태에서 브레이크 점검 스위치는 전원 전압을 전송하나 브레이크 경고등 스위치는 약 0V값을 출력하며 브레이크를 밟은 상태에서는 밟지 않았을 때의 반대값을 각각 출력한다.

(20) 배터리 센서

배터리 (−)단자에 장착된 배터리 센서는 제어 시스템의 구현에 필요한 배터리 액 온도, 전압, 전류를 내부 소자(실리콘 다이오드, 션트 저항)와 맵핑값을 이용해 검 출하고 이것을 LIN 통신선을 이용해서 PCM으로 전송한다.

(21) 연료 압력 레귤레이터 밸브(FPRV Fuel Pressure Regulator Valve)

여러 엔진 구동 조건으로 계산된 PCM 컨트롤 신호에 의해 인젝터로 유입되는 연 료량을 조절한다.

(22) 엔진 체크 경고등

엔진 전자 제어 장치나 배기가스 제어에 관계되는 각종 센서에 이상이 있을 때 또는 연료 공급 장치의 연료 탱크, 연료 필터 연결부, 연료 라인 등 누유, 증발가 스 제어 장치(캐니스터, 연결 호스류) 부분의 누유 발생시 점등된다. 엔진 체크 경 고등이 점등되면 결함 코드는 PCM에 저장되고, PCM에 기억된 고장 코드는 시 동을 켜도 지워지지 않는다.

(23) 이모빌라이저 경고등

스마트 키가 차 안에 있을 경우 시동 버튼 ACC 또는 ON 상태에서 표시등이 수 초간 켜져 시동을 걸 수 있음을 알려 주지만 스마트 키가 차 안에 없을 경우 시 동 버튼을 누르면 표시등이 수초간 깜빡이며 시동을 걸 수 없음을 알려 준다.
시동 버튼을 눌렀을 때 스마트 키의 배터리 전압이 낮으면 표시등이 수초간 깜박 이며 시동을 걸 수 없는 상태를 표시하며 이때 시동을 걸려면 스마트 키 홀더에 직접 스마트 키를 꽂고 시동 버튼을 누른다. 그리고 스마트 키 및 관련 장치에 이 상이 있으면 표시등이 계속 깜빡인다.

(24) 자기 진단

PCM은 엔진 제어 장치 구성 요소(센서 및 액추에이터)와 상시 또는 특정 시점에 신호 를 주고 받는다. 만약 비정상적인 신호가 특정 시간 이상 발생하면 PCM은 고장이 발 생한 것으로 판단하고, 고장 코드를 메모리에 기억시킨 후 고장 신호를 자기 진단 출

력 단자에 보낸다. 이 고장 코드는 배터리에 의해 직접 백업되어 점화 스위치를 OFF시
키더라도 고장 진단 결과는 지워지지 않지만, 배터리 단자 혹은 PCM 커넥터를 분리하
면 지워진다.

⑥ 엔진 컨트롤 회로 점검

> **🏛 참고**
>
> - 엔진 컨트롤 회로 점검은 엔진 컨트롤 회로도를 보면서, 엔진 컨트롤 회로 입·출력 신
>   호를 참고하여 점검한다.
> - 점검은 입력 신호. 출력 신호, 접지 전압(펄스)을 측정하여 회로 배선이 단선되었는가
>   확인한다.
> - 엔진 컨트롤 회로 점검은 참고로 연료 펌프 회로만 설명하겠다.

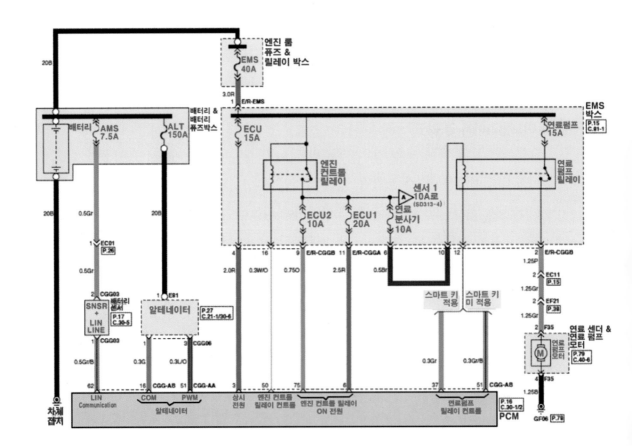

(1) 연료 펌프 회로에서 점화 스위치 IG ON 상태에서 A, B, C, D, E, F, G, H 지점
에서 전압을 측정하였을 때 정상적인 전압값은? ("단" 연료 펌프 릴레이 및 엔진
컨트롤 릴레이를 탈거하고 측정한다?

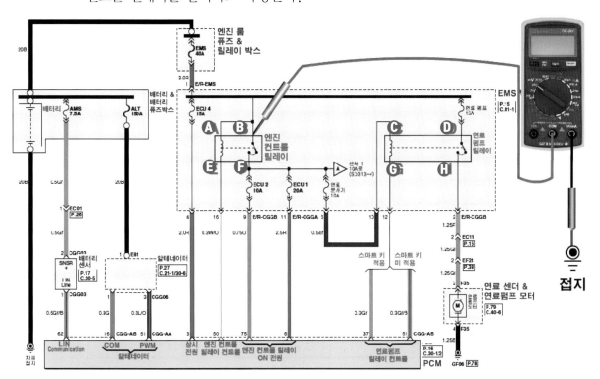

⚙️ 정상값 및 불량할 때 정비 방법

점검 요소	정상값	불량할 때 정비 방법
A, B, D	12V	A, B, D 지점의 전압이 검출되지 않으면 배터리부터 측정 지점까지 단선이다. EMS 40A 퓨즈, 연료 펌프 15A 퓨즈 단선. 배선 단선. 커넥터 접촉 상태 등을 점검한다.
C	12V	C 지점의 전압이 검출되지 않으면 배터리부터 측정 지점까지 단선이다. EMS 40A 퓨즈, 연료 펌프 15A 퓨즈 단선. 배선 단선. 커넥터 접촉 상태 등을 점검한다.
E, F	12V	E, F지점의 전압이 PCM에서부터 측정 지점까지 단선이다. 배선 단선. 커넥터 접촉 상태 등을 점검한다.
C, G	12V	● C 자점의 전압이 검출되지 않으면 배터리부터 측정 지점까지 단선이다. EMS 40A 퓨즈, 연료분사기 10A 퓨즈 단선. 배선 단선. 커넥터 접촉 상태 등을 점검한다. ● G 지점 전압이 12V가 검출되면 G 지점부터 PCM 사이가 단선이다. 커넥터 접촉 상태, 배선 단선 등을 점검한다.
H	12V	H 지점의 전압이 검출되지 않으면 H 지점에서 접지 사이가 단선이다. 접지 연결 상태. 연료 펌프 모터, 배선 단선 등을 점검한다.

06. 자동변속기 컨트롤 회로

① 자동변속기 컨트롤 시스템 기능

자동변속기 컨트롤 시스템은 원하는 출력을 자동으로 얻기 위하여 필요한 정보를 측정하고 측정된 정보로부터 제어 대상의 상태를 파악하여 수정이 필요할 경우 적절한 보정 값을 계산한다. 계산된 보정 값에 따라 액추에이터를 작동하여 원하는 출력을 얻는다. 만일 변속기 또는 주행성 관련 고장이 발견되면 일단 자기 진단과 변속기 기본 점검(오일 점검)을 시행한 후에 진단기기를 이용하여 변속기 컨트롤 시스템의 구성 부품을 점검한다.

(1) 제어 시스템 구성

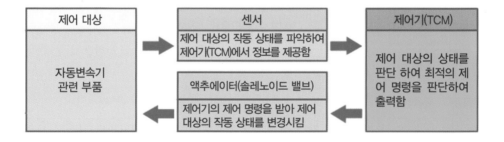

(2) 고장 진단 기능

변속기의 고장 발생시 위험한 상황이 발생하지 않도록 방지하는 페일 세이프Fail safe function기능이 작동하여 최소한의 기능을 유지하여 정비소로 갈수 있는 림프 홈Limp home function 모드로 주행한다.

- 림프 홈 기능: 고장이 발생하더라도 최소한의 기능은 유지하여 정비소를 갈 수 있는 기능. 전진(고정변속 단)(후진)

(3) 자동변속기 입·출력도

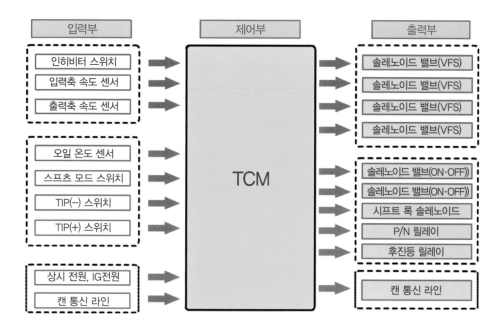

① 자동변속기 컨트롤 회로(1/2)

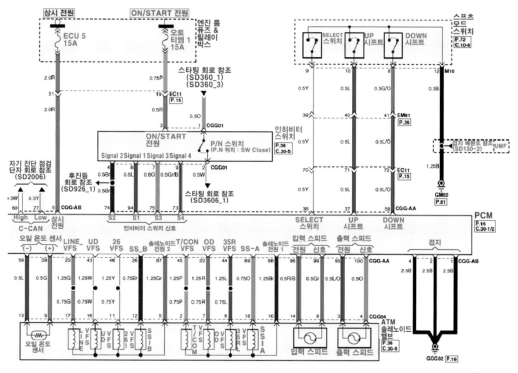

② 자동변속기 컨트롤 회로2/2)

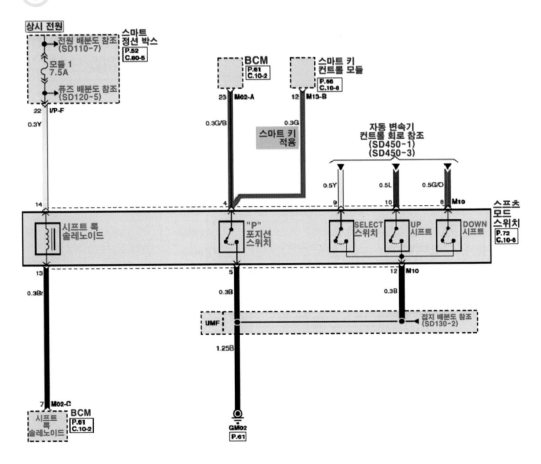

상시 전원

전원 배분도 참조
(SD110-7)

스마트
정션 박스
P.52
C.80-5

모듈 1
7.5A

퓨즈 배분도 참조
(SD120-5)

22 I/P-F

0.3Y

BCM
P.61
C.10-2

23 M02-A

0.3G/B

스마트 키
적용

스마트 키
컨트롤 모듈
P.66
C.10-6

12 M13-B

0.3G

자동 변속기
컨트롤 회로 참조
(SD450-1)
(SD450-3)

0.5Y   0.5L   0.5G/O

14   4   9   10   8 M10

스포츠
모드
스위치
P.72
C.10-6

시프트 록
솔레노이드

"P"
포지션
스위치

SELECT
스위치

UP
시프트

DOWN
시프트

13   5   12 M10

0.3Br   0.3B   0.3B

UMF   접지 배분도 참조
(SD130-2)

1.25B

7 M02-C

시프트
록
솔레노이드

BCM
P.61
C.10-2

GM02
P.61

212

(3) 자동변속기 컨트롤 회로 점검

(1) 아래 자동변속기 컨트롤 회로에서 A, B, D, E 지점에서 전압을 점검하였을 때 전압값은? "단" 점화 스위치 IG 및 스프츠 모드 스위치 각각 선택하면서 측정한다.

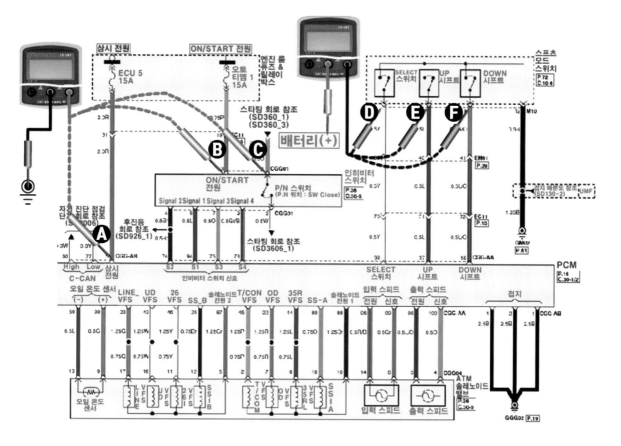

⚙️ 정상값 및 불량할 때 정비 방법

점검 요소	정상값	불량할 때 정비 방법
A	12V	A 지점이 불량하면 ECU 15A 퓨즈 단선. 커넥터 접속 상태, 배선의 단선 등을 점검한다.
B	12V	B 지점이 불량하면 오토티엠 1 15A 퓨즈 단선. 커넥터 접속 상태, 배선의 단선 등을 점검한다.
D, E, F	12V	D, E, F 지점이 불량하면 각 스위치 고장. 커넥터 접속 상태, 접지 연결 상태, 배선 단선의 등을 점검한다.
C	12V	C 지점의 점검은 스타팅 회로를 참고한다.

(2) 아래 자동변속기 컨트롤 회로에서 A, B, C, D 지점에서 전압을 점검하였을 때
전압값은? "단" 점화 스위치 IG, 변속 레버 신호 1 = P, 신호 2 = R, 신호 3 =
N, 신호 4 = D에서 측정한다,

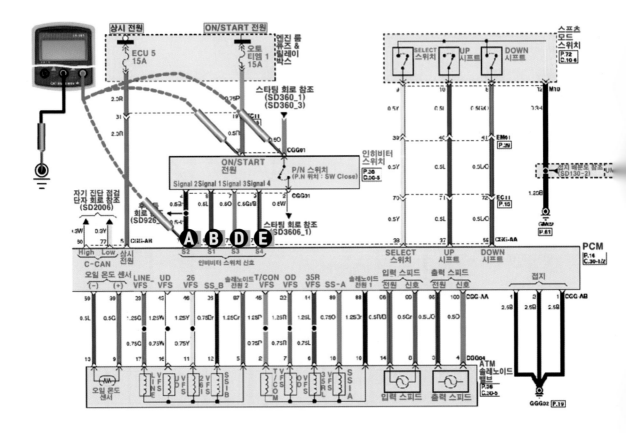

⚙️ 정상값 및 불량할 때 정비 방법

점검 요소	정상값	불량할 때 정비 방법
A, B, C, D	12V	● 신호 3(D) 지점이 불량하면 "N" 위치 세팅 조정, 시프트 케이블 유격을 점검 조정한다. ● 신호 2.4(A.E)가 불량하면 커넥터 접속 상태 점검 후 이상 없으면 인히비터 스위치를 교환한다. ● 신호 1(B)이 불량하면 후진등 접지의 연결 상태도 점검한다. ● 각 액추에이터 점검은 자기 진단 및 정비 지침서를 참조하여 출력값을 점검한다.

(3) 아래 자동변속기 시프트 록 컨트롤 시스템 회로에서 A, B, C, D, E 지점에서 OFF-ON 상태에서 전압을 점검하였을 때 정상 전압은? "단" 점화 스위치 IG, 브레이크 페달을 놓고, 밟고 및 스프츠 모드 스위치 UP-DOWN 작동시키면서 측정한다.

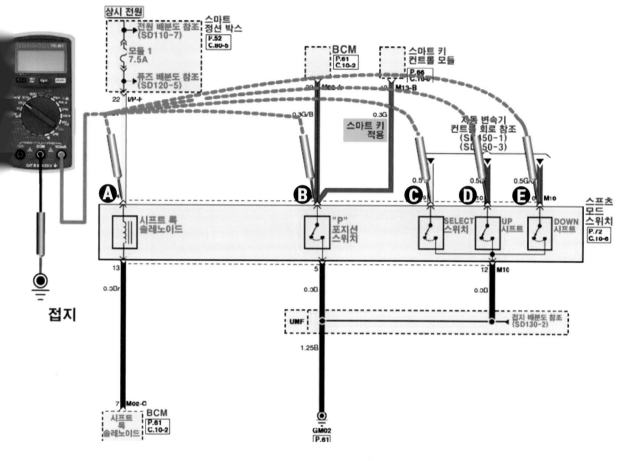

⚙ 정상값 및 불량할 때 정비 방법

점검 요소	정상값	불량할 때 정비 방법
A, B, C, D	12V	• A 지점이 불량하면 모듈1 7.5A 퓨즈 단선. 커넥터 접촉 상태, 배선의 단선 등을 점검한다, • B, C, D, E 지점이 불량하면 불량 지점의 스위치 불량. 커넥터 접촉 상태 등을 점검한다, • B, C, D, E 지점 전부 불량하면 접지의 연결 상태를 점검한다.

⚙ 시프트 록 컨트롤 시스템

자동변속기 시프트록 컨트롤 시스템은 의도치 않게 주차 위치에서 기어가 빠지는 것을 방지하기 위한 안전 장치이다. 운전자는 반드시 브레이크 페달을 밟아야만 주차 레버를 주차 위치에서 다른 위치로 옮길 수 있다.

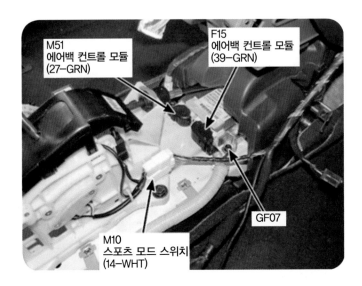

07. 모터 드리븐 파워 스티어링 회로

① MDPS

MDPS Motor Driven Power Steering 유닛은 조향력을 보조하기 위해 전기 모터를 사용하며 기존의 유압식 파워 스티어링과 달리 엔진의 작동과 관계없이 독립적으로 기능을 수행하며 토크 센서, 조향각 센서 등의 입력 신호들을 바탕으로 모터의 작동을 제어함으로써 운전 조건에 따라 보조 조향력을 가변적으로 발생시킨다.

토크 센서, 조향각 센서 및 페일 세이프 릴레이 등과 같은 MDPS 시스템의 구성 부품은 스티어링 컬럼 & MDPS 유닛 어셈블리 내부에 위치하며, 이 부품들의 점검 또는 교환을 위해 스티어링 컬럼 & MDPS 유닛 어셈블리를 분해해서는 안 된다.

(1) 토크 센서 & 조향각 센서

비접촉 자기식 센서로 두 개의 센서가 일체로 구성되어 있다. 조향각 센서는 조향각을 감지하여 댐핑 제어, 복원 제어 등에 사용되고, 토크 센서는 운전자의 조향토크를 감지하여 모터의 보조에 사용되는 핵심 센서이다. MDPS 유닛 교체 및 관련 작업시 반드시 조향각 센서 초기화 작업을 실시해야 한다.

(2) 조향각 센서 초기화

① **조향각 센서의 초기화 목적:** MDPS 및 VDC의 성능 만족을 위해서 0점 조정이 꼭 필요하다. 0점 조정 미실시 시 MDPS 경고등이 점등될 수 있으며, 초기화 종료 후 반드시 DTC 삭제하고, 주행 점검 후 고객에게 인도 할것.

② **조향각 센서 초기화 시기:** MDPS 유닛 교체 후, 진단 장비의 0점 설정을 요구할 경우, 기어 박스 및 U/조인트 교환시, 휠 얼라이먼트 작업시

(3) 페일 세이프 릴레이

오작동 감지시 모터에 입력되는 전류를 차단할 수 있는 릴레이를 MDPS 유닛 내부에 장착하고 있으며 IG ON시 릴레이 동작 상태를 점검한다.

(4) CAN 통신

차속은 속도에 따른 조향력의 변화 및 댐핑 제어, 복원 제어에 사용되며 C-CAN 통신을 통해 엔진 ECM으로부터 받는다. 엔진 회전수는 모터 작동 시 부하가 발생하면 저하된다. 이를 보상하기 위해 엔진 회전수 정보를 CAN 통신을 통해 엔진 ECM으로부터 받는다.

(5) 전동 파워 스티어링 경고등

점화 키 스위치를 ON 하거나 전동 파워 스티어링이 고장일 경우 점등된다. 주행 중 MDPS 경고등이 켜질 경우 전동 파워 스티어링 시스템에 문제가 발생한 것이다.

스티어링 열선 스위치

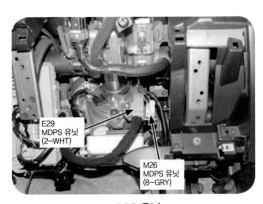

MDPS 유닛

(6) 입·출력 요소

MDPS ECU는 운전자의 조향 조작에 의한 토크 신호와 차량의 주행 속도 신호를 받아 3상의 BLDC 모터가 보조할 모터 토크를 결정하고, 이에 따라 모터의 상 전류와 회전 위치 센서 신호를 받아 목표 토크를 발생시키도록 모터를 제어하는 기능을 기본으로 한다.

또한 시스템에 대한 지속적인 모니터링을 통해 시스템 고장 및 이상 작동에 대한 판단 및 조치, 저장 기능을 가진다.

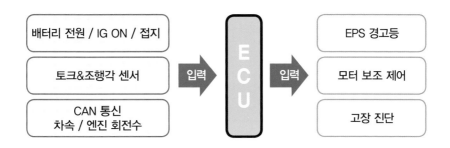

(7) 시스템 작동 원리

R-MDPS 작동 원리는 운전자가 스티어링 휠 조작시 노면과 타이어 마찰에 의한 토션 바의 비틀림이 발생된다. 토션 바의 비틀림 량을 토크 센서가 감지하여 ECU에 전달하면 ECU는 모터의 어시스트량을 연산한다. 모터의 어시스트는 시동 ON 상태에서만 가능하고 차속에 따라 그 량이 달라질 수 있다. 조향시 입력 축과 출력축의 비틀림이 발생하면 토크와 조향각 검출을 통해 ECU는 모터의 전류 특성 값에 따라 모터의 회전속도와 방향을 제어하고, 또한 웜 기어와 웜 휠의 감속비를 통해 높은 토크로 조향이 이루어지게 된다.

| 운전자 조향 | 토션 바 비틀림 발생 | 운전자 토크, 휠 방향 감지 | 조향 토크 및 조향각 연산 | 모터 어시스트 토크값 연산 | 모터 에 의해 웜기어 회전 웜휠로 감속 및 토크 증대 |

MDPS 작동 순서

② MDPS 회로

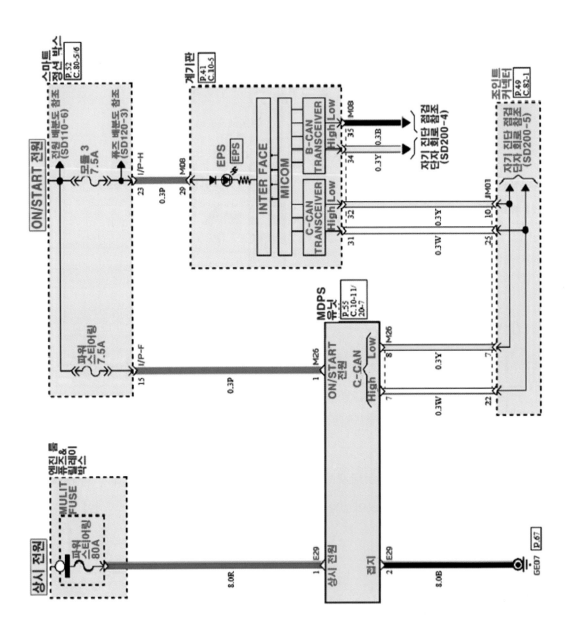

3 스티어링 열선 회로

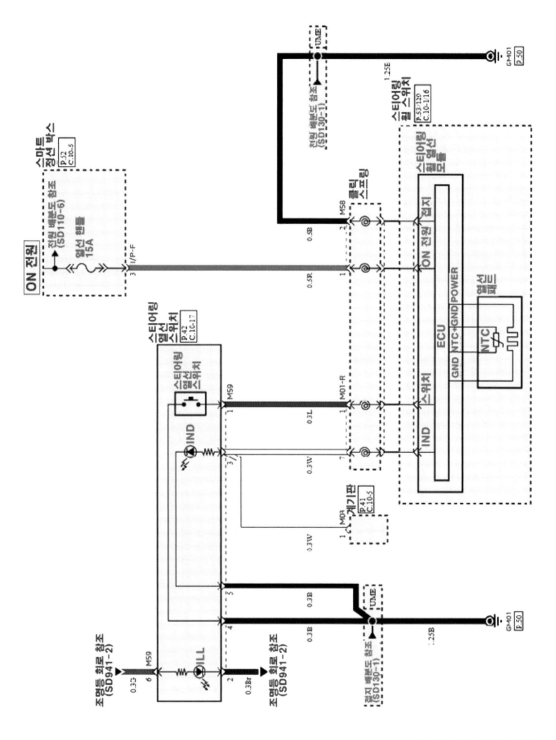

④ MDPS 회로 경로

❶ 상시 전원 → MDPS 유닛(상시 전원) → 접지

❷ 점화 스위치 ON: ON·START 전원 → MDPS 유닛(ON·START 전원) → C-CAN 통신 → 계기판

❸ C-CAN 통신 불량일 때 EPS 경고등 점등: ON·START 전원 → 경고등 계기판(MICO) → 접지

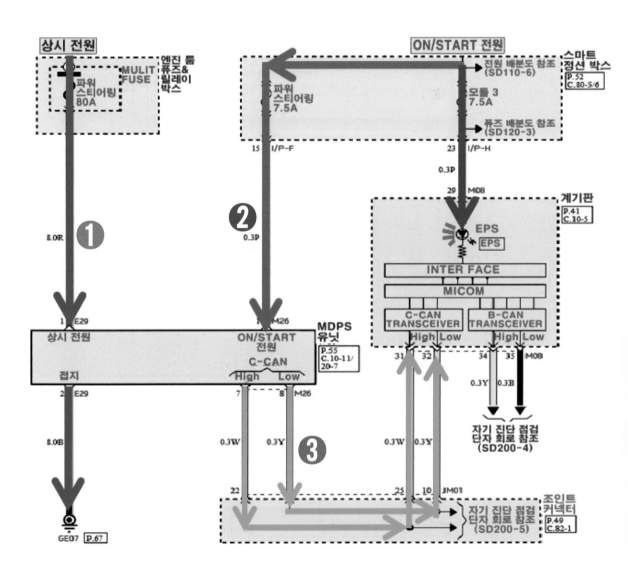

⑤ 스티어링 열선 회로 경로

❶ 점화 스위치 ON: ON 전원 → 열선 핸들 15A → 클릭 스프링 → 스티어링 열선 모듈(ON전원 → 접지) → 접지

❷ 스티어링 열선 스위치 ON

· 스티어링 열선 모듈(스위치) → 열선 스위치 → 접지

                                └ 계기판

· 스티어링 열선 모듈(IND) → IND → 접지 열선 스위치

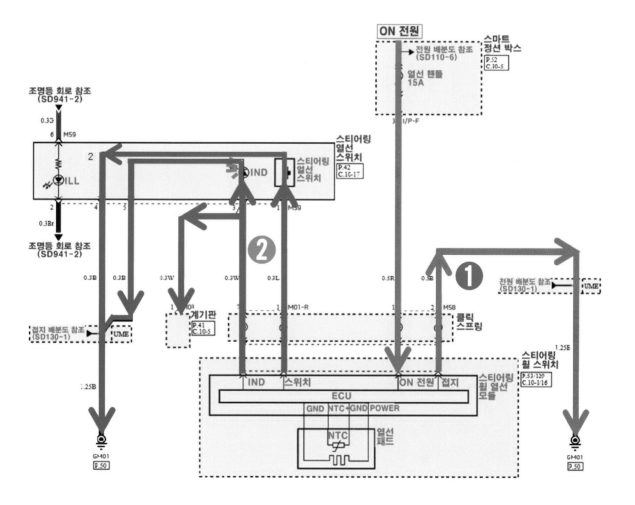

⑥ MDPS 회로 점검

(1) 아래 MDPS 회로에서 점화 스위치 IG ON하고 A, B, C 지점에서 전압을 점검하였을 때 전압값은?

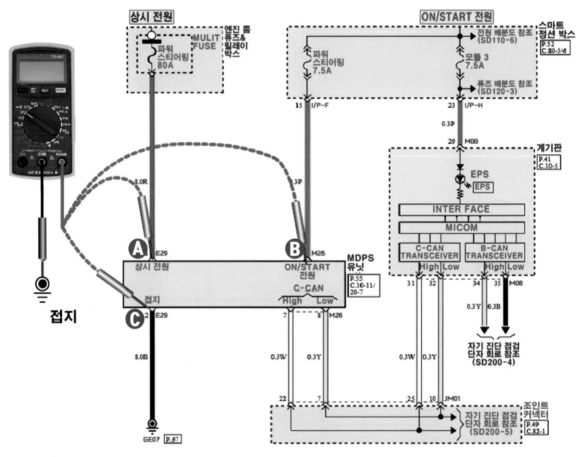

⚙ 정상값 및 불량할 때 정비 방법

점검 요소	정상값	불량할 때 정비 방법
A	12V	A 지점 전압이 검출되지 않으면 파워 스티어링 80A 퓨즈 단선. 커넥터 접촉 상태 등을 점검한다,
B	12V	B 지점이 전압이 검출되지 않으면 파워 스티어링 7.5A 퓨즈 단선. 커넥터 접촉 상태 등을 점검한다.
C	12V	● C 지점 전압이 검출되지 않으면 C 지점에서 접지 사이가 단선 되었으므로 접지 연결 상태, 배선 단선 등을 점검한다. ● C 지점의 전압이 0.2V 이상이면 접지 접촉에 저항이 있으므로 접지 연결 상태를 점검한다.
C-CAN	–	A, B, C 지점의 전압이 정상이면 캔 통신을 점검한다. 2장 통신편 통신 점검 참조

⑦ 스티어링 열선 회로 점검

(1) 열선 회로에서 점화 스위치 IG ON하고 A, B, C, D 지점에서 전압을 점검하였을 때 전압값은?

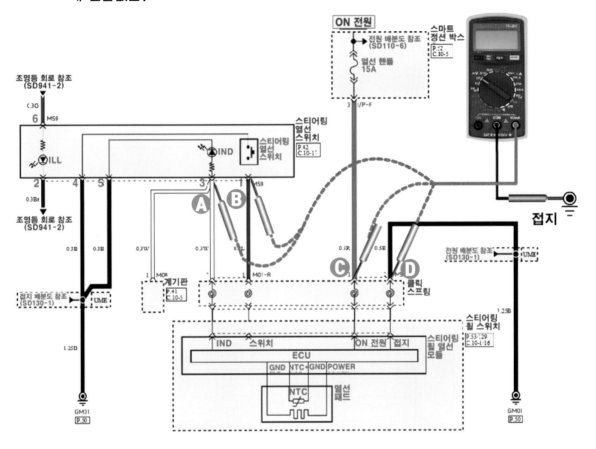

⚙ 정상값 및 불량할 때 정비 방법

점검 요소	정상값	불량할 때 정비 방법
A, B	12V	A, B 지점 전압이 검출되지 않으면 접지 연결 상태를 점검한 후 이상이 없으면 휠 스티어링 스위치를 탈거하여 저항 시험을 한다. 다음 장에서 설명
C	12V	C 지점 전압이 검출되지 않으면 ON 전원에서 C 지점까지 단선이므로 핸들 15A 퓨즈 단선. 커넥터 접촉 상태. 배선의 단선 등을 점검한다.
D	12V	D 지점 전압이 검출되지 않으면 접지의 연결 상태를 점검한다.

(2) 스티어링 열선 스위치 점검.

① 배터리 (−)단자를 분리한다

② 크래시 패드 로우 패널을 탈거한다.

③ 사이드 크래시 패드 스위치 어셈블리를 탈거한다,

④ 히티드 스티어링 스위치 커넥터를 분리하고 스위치를 탈거 한다.

⑤ 히티드 스티어링 스위치를 작동시키면서 스위치 단자 사이 통전을 점검한다.

　■ 규정값

　　ㆍ NTC 저항 점검: (검정ㆍ노랑. 검정 = 10.0 kΩ ±10%(25℃)

　　ㆍ 온열 패드 저항(노랑. 검정) = 1.6~2.0 kΩ ±10%(25℃)

⑥ 불량하면 스위치를 교환한다.

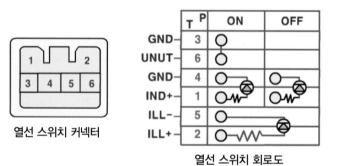

열선 스위치 커넥터　　　　열선 스위치 회로도

스티어링 휠 열선 스위치

08. 에어백 시스템 회로

1 에어백 회로(1/2)

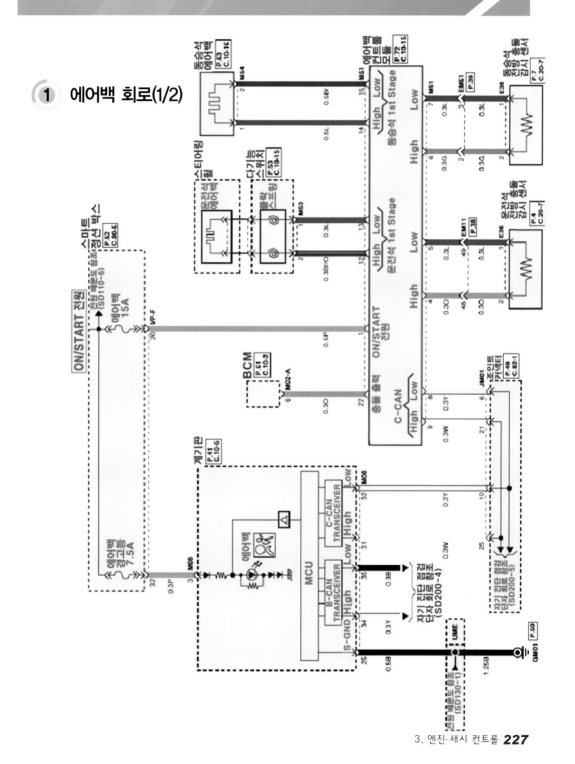

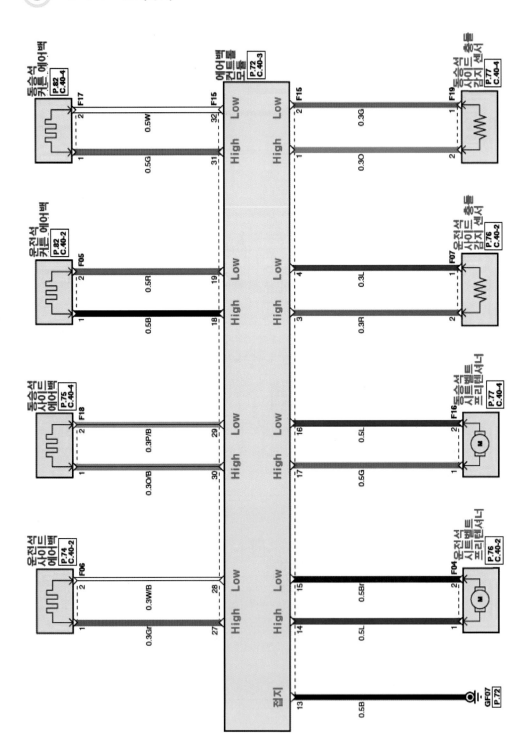

③ 에어백 회로 경로

❶ 점화 스위치 IG ON: ON·START 전원 → 에어백 15A → 에어백 컨트롤 모듈
(ON/ START 전원)

· 점화 스위치 IG ON: ON·START 전원 → 에어백 경고등 7.5A → 에어백 경
고등 → 접지

❷ 점화 스위치 IG ON 6초 후(경고등 소등): ON·START 전원 → 에어백 경고등
7.5A → MCU

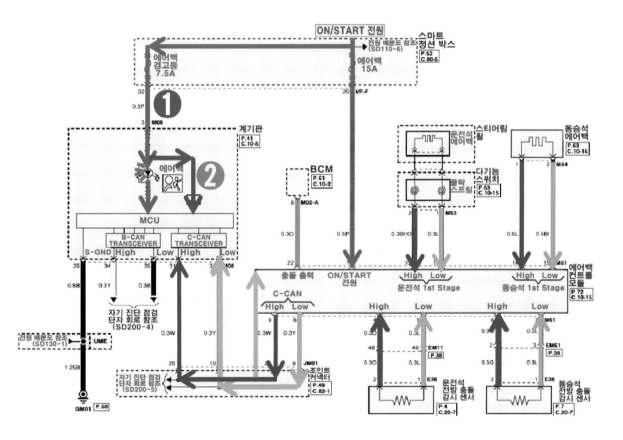

🏠참고

점화 스위치 IG ON시키면 에어백 시스템 자기 진단하여, 에어백 시스템에 고장이 있는 경우 경
고등 6초간 점등되었다가 1초간 소등된 후 계속 점등된다.

③ "정면 충돌" 충돌 감지 센서→ 에어백 모듈 → 운전석 에어백 및 동승석 에어백 전개
└충돌 출력 → BCM(안전 벨트 프리텐셔너 작동) └ 캔통신 → 계기판(경고등 점등)

동승석 에어백
P.63
C.10-16
M54

동승석 에어백 컨트롤
P.72
C.10-15
M51

High Low
동승석 1st Stage
0.5Br 15
0.5L 14
M51

High Low
EM61 P.39
0.3L 7 0.3L 3 1
0.3G 6 0.3G 2
High
E38 동승석 충돌 전방감지 센서
P.7 C.20-7

스티어링 휠
운전석 에어백
P.52
다기능 스위치
P.53 C.10-15
클락 스프링
M53

High Low
운전석 1st Stage
0.3L 13
0.3B/O 12 2

EM11 P.38
0.3L 49 1
0.3O 48 2
E36 운전석 충돌 전방감지 센서
P.4 C.20-7

스마트 정션 박스
P.52 C.80-5

전원 배선도 참조(SD110-6)
에어백 15A
VP-F 20

BCM
P.61 C.10-2
M02-A
0.3O 6

ON/START 전원
0.5P

C-CAN
High Low
0.3W 9 0.3Y 8 22
충돌 출력

조인트 커넥터
P.49 C.82-1
JM01

계기판
P.41 C.10-6

MCU
C-CAN TRANSCEIVER
High Low
I08
0.3W 25 0.3Y 10

에어백 경고등
0.3P 3

에어백

B-CAN TRANSCEIVER
High Low
0.3Y 34 0.3B 35
자기 진단 점검 단자 회로 참조(SD200-4)

자기 진단 점검 단자 회로 참조(SD200-5)

S-GND
0.5B 25

UME
P.50
1.25B 1
GM01

에어백 경고등 7.5A
0.3P 32
M08

배선도 참조(SD130-1)

④ ▶ ON·START 전원 → 에어백 15A → 에어백 컨트롤 모듈(ON·START 전원)
▶ ON·START 전원 → 에어백 경고등 7.5A → 에어백 경고등 → 점지
▲ 충돌 감지 센서, 에어백, 시트 벨트 프리 텐셔너 → 에어백 컨트롤 모듈 → 캔 통신 → 계기판 및 BCM

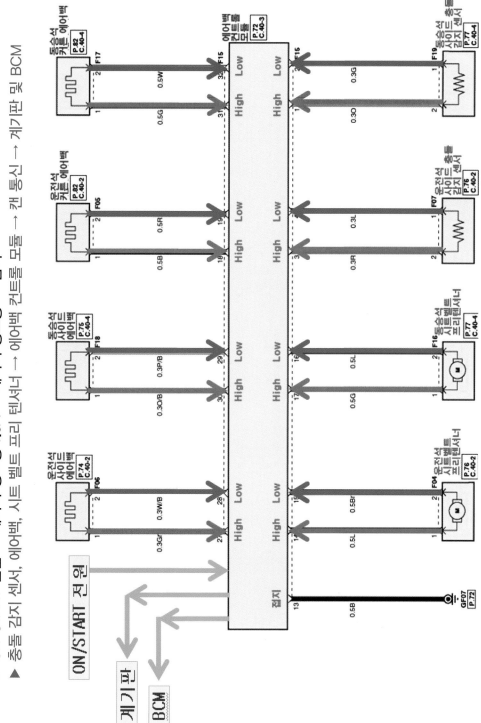

④ 에어백 회로 점검

(1) 점화 스위치 ON 상태에서 아래 에어백 회로의 A, B 지점에서 전압 점검하였을
때 정상적인 전압은?

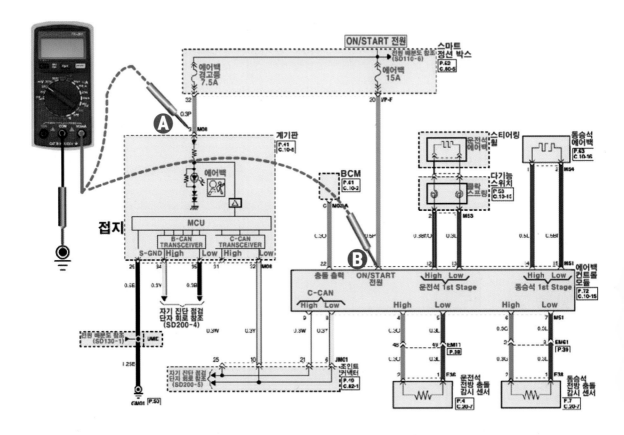

⚙ 정상값 및 불량할 때 정비 방법

점검 요소	정상값	불량할 때 정비 방법
A, B	12V	A, B 지점의 전압이 검출되지 않으면 ON·START 전원에서 측정 지점까지 단선이므로 퓨즈 단선, 커넥터 접속 상태, 배선의 단선 등을 점검한다.
기타	통신	센서는 C-CAN 통신 점검

(2) 감지 센서, 에어백, 시트 벨트 프리텐셔너 지선 회로를 점검하시오.

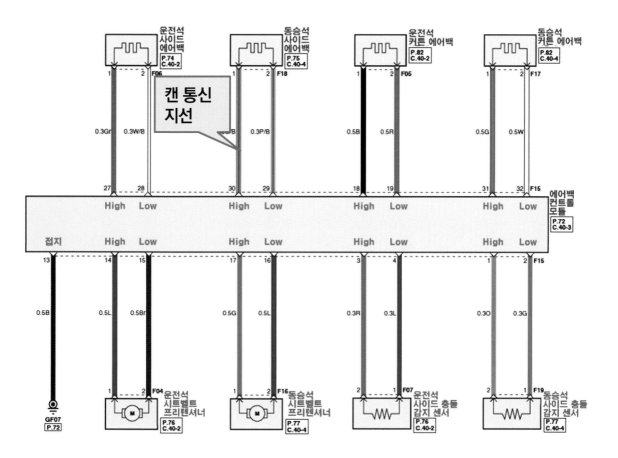

⊙ 에어백, 충돌 감지 센서, 프리덴셔너 지선 회로는 자기 진단기 시험기를 사용하
  여 점검. 혹은 캔 통신 점검. 혹은 파형으로 점검한다.

09. 안티 록 브레이크^{ABS} 시스템 회로

① 안티 록 브레이크^{ABS} 시스템 회로 기능

제동시 바퀴의 고정을 방지하는 장치로 급제동 및 노면 악조건 하에서의 제동시 바퀴가 고정되는 현상이 발생하면 이로 인하여 차량은 제어 불능 상태에 빠지며 제동거리 또한 길어지게 되는데 ABS는 이러한 바퀴의 고정 현상을 미연에 방지. 최적의 슬립을 유지하며 사고의 위험성을 줄이는 예방 안전 장치이다.

실제로 ABS는 일반 도로에서 10~15%, 젖은 도로에서 25~40% 정도의 제동거리 단축 효과가 있다. 이때 바퀴가 10~15%의 슬립을 갖는 경우 바퀴가 잠길 경우보다 제동력이 커진다. 현 차량에서는 4개의 휠 속도 센서 신호를 각각 입력받고 처리하는 4센서 4채널 시스템이 적용되고 있다.

(1) 프런트·리어 휠 센서

ABS 컨트롤 모듈은 4개의 휠 센서로부터 휠 스피드 신호를 받는다.

휠 센서로부터 전류로 신호를 입력 받아 ABS 컨트롤 모듈 내부에서 전압으로 변환시킨 후 입력된다. 또한 ABS 컨트롤 모듈은 센서 및 그 주변 회로의 단락·단선 등을 체크하고 1개 이상의 휠 센서가 고장 나면 시스템의 작동을 중지한다.

(2) 정지등 스위치

브레이크 페달의 작동 상태를 ABS 컨트롤 모듈로 전달한다. 이중 스위치 타입으로 정지등 스위치 A와 B 신호가 있으며, 브레이크를 작동시키면 정지등 스위치 A는 ON이 된다. 즉 브레이크를 작동시킬 때 전압이 가해지고 브레이크를 작동하지 않는 일반 상태에서는 전압이 가해지지 않는다.

반대로 정지등 스위치 B는 브레이크를 작동시키면 OFF가 되는 NC 타입의 스위치이다.

(3) 급제동 경보 릴레이(ESS ^{Emergency Stop Signal})

급제동시 정지등을 ON & OFF시켜 정지등을 깜빡 임으로서 후방 차량에 위험을 알리는 기능이다.

(4) 솔레노이드 밸브

솔레노이드 밸브 코일의 한쪽이 밸브 릴레이를 통해 공급 받은(+)전압과 연결되고 다른 한쪽이 반도체 회로에 의해 접지측으로 연결될 때 작동한다.
정상 작동 조건에서 밸브 테스트는 펄스에 의해 밸브의 전기적인 기능을 항상 체크한다.

(5) ABS 경고등(ABS)

이그니션 스위치 ON시 3초간 점등되며 자기 진단하여 ABS가 이상 없을시 소등된다. 3초 후에도 계속 경고등이 점등되면 ABS 장치에 이상이 발생한 것이다.
이상이 발생되면 ABS 비장착 차량과 동일하게 일반 브레이크만 작동된다.

(6) 브레이크 경고등(BRAKE)

이그니션 스위치 ON시 3초간 점등되며 자기 진단하여 브레이크 관련 이상 없을시 소등된다. 단, 주차 브레이크 스위치가 ON일 경우와 브레이크 오일 부족 시 항상 점등된다.

엔진 룸 좌측 뒤 ABS 모듈

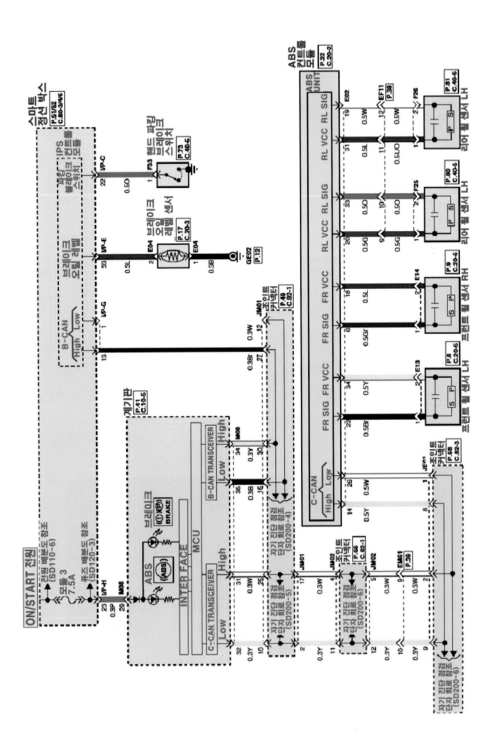

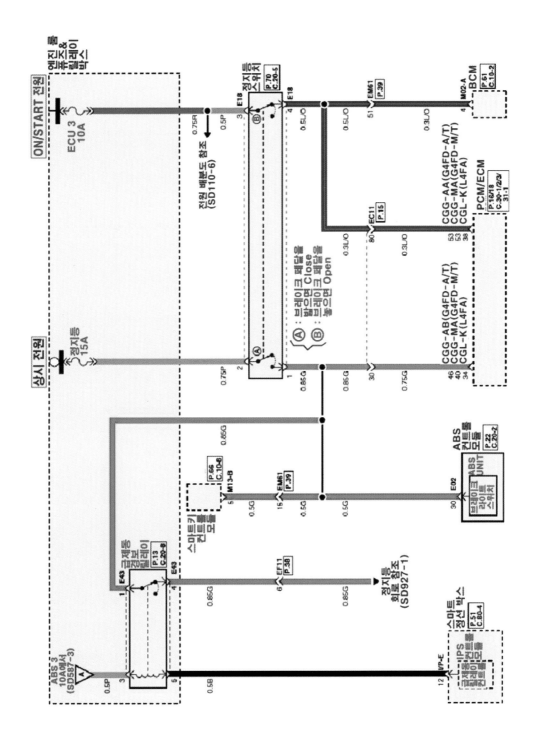

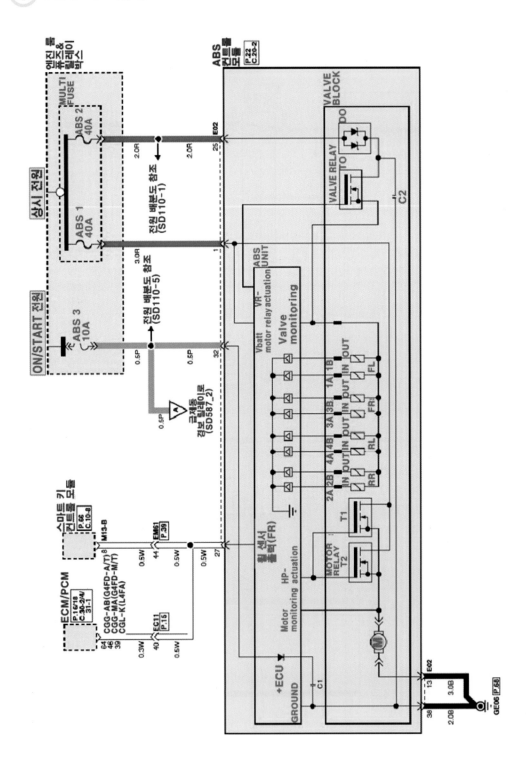

238

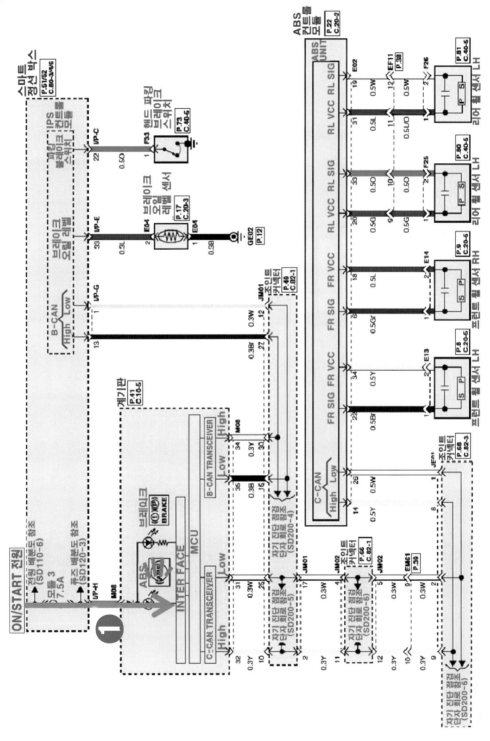

❷ 캔 통신으로 자기 진단 하여 ABS가 정상이면 ABS 경고등 3초 후 소등

스마트 정션 박스
P.51/52 C.80-3/4/6

ABS 컨트롤 모듈
P.22 C.20-2

ABS UNIT

ON/START 전원

B-CAN High Low

IPS 파워 릴레이 컨트롤 모듈

F33 파킹 브레이크 스위치
P.73 C.40-6

E04 브레이크 오일 레벨 센서
P.17 C.20-3

GE02 P.12

전원 배분도 참조 (SD110-6)
모듈 3
7.5A
퓨즈 배분도 참조 (SD120-3)

계기판
P.41 C.10-5

브레이크
BRAKE

ABS (ABS)

INTER FACE

MCU

B-CAN TRANSCEIVER

C-CAN TRANSCEIVER

조인트 커넥터
P.40 C.82-1

자기 진단 단자 회로도 참조 (SD200-4)

자기 진단 단자 회로도 참조 (SD200-5)

자기 진단 단자 회로도 참조 (SD200-6)

조인트 커넥터
P.66 C.82-2

조인트 커넥터
P.68 C.82-3

C-CAN High Low

FR SIG FR VCC RL VCC RL SIG

프론트 휠 센서 LH
P.8 C.20-6

프론트 휠 센서 RH
P.9 C.20-6

리어 휠 센서 LH
P.60 C.40-5

리어 휠 센서 LH
P.81 C.40-5

자기 진단 단자 회로도 참조 (SD200-6)

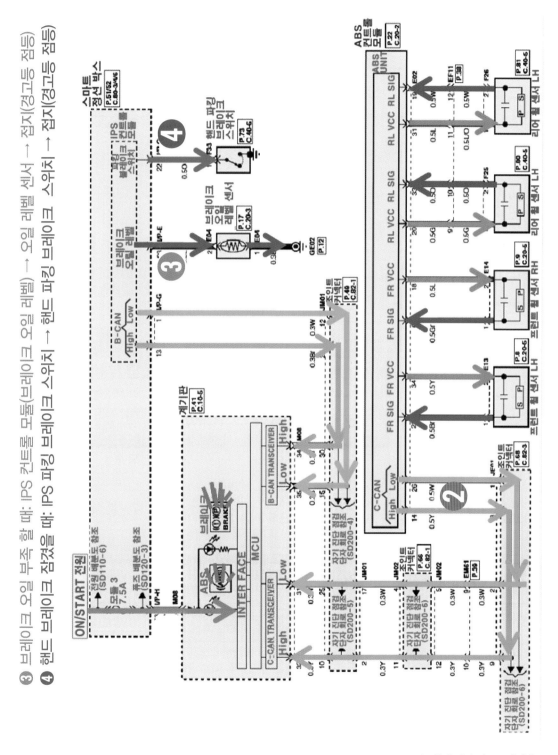

❺ 브레이크 페달을 밟기 전

〉ON·START 전원 → 정지등 스위치 → PCM 및 BCM

〉상시 전원 → 스마트 키 컨트롤 모듈

❻ 브레이크 페달을 밟은 후

〉ABS 3 10A에서 → 급제동 경보 릴레이 → 스마트 정션 박스(IPS 컨트롤 모듈)

〉상시 전원 → 정지등 퓨즈 15A → 정지등 스위치 A → PCM · 스마트 키 컨트
롤 모듈 · 급제동 경보 릴레이 → 정지등 램프 → 접지

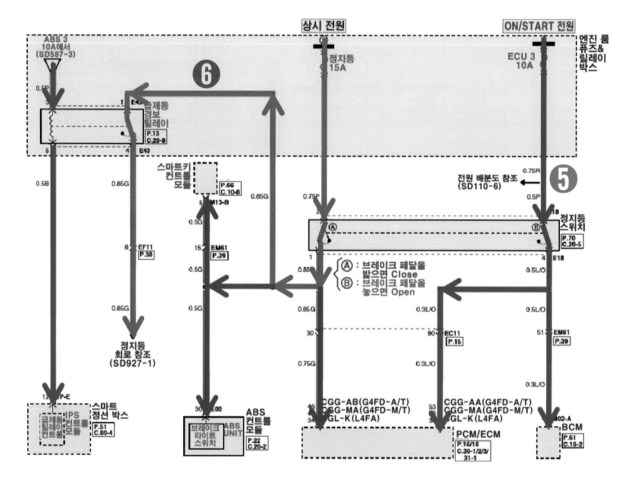

📖 참고

⊙ 브레이크 페달을 밟을 때 정지등 스위치 1–A 전원은 차단된다.

⊙ 스마트 키 컨트롤 모듈에 정지등 스위치 "A" 신호가 입력되지 않으면 스타트 모터가 회전
되지 않아 엔진 시동이 되지 않는다.

❶ 〉상시 전원 → ABS_2 40A 퓨즈 → ABS 컨트롤 모듈 → 접지
　〉상시 전원 → ABS_1 40A 퓨즈 → ABS 컨트롤 모듈 → 접지
　〉ON·START 전원 → ABS_3 10A 퓨즈 → ABS 컨트롤 모듈 → 접지
　〉ABS 컨트롤 모듈(휠 센서 출력) → ECM·PCM 및 스마트 컨트롤 모듈

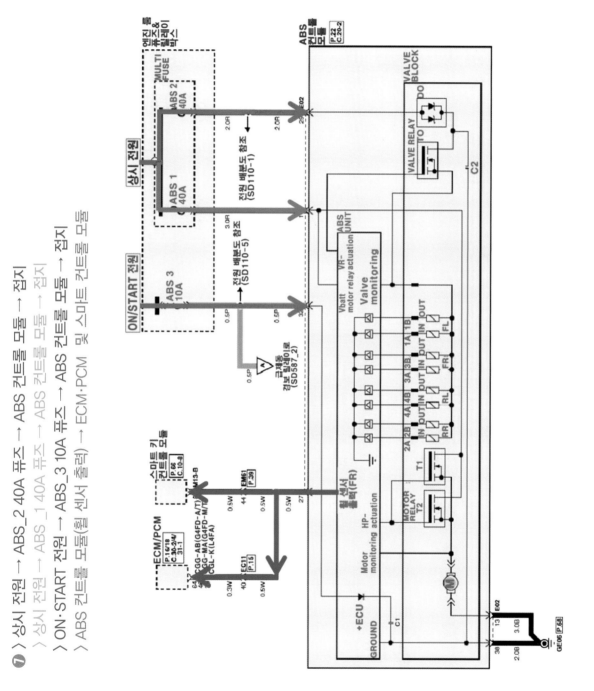

⑥ ABS 회로 점검

(1) 점화 스위치 ON 상태에서 아래 ABS 회로의 A, B, C, D 지점에서 전압을 점검하였을 때 정상적인 전압은? 단 B, C 지점의 측정은 브레이크 오일 부족한 상태에서, D 지점은 핸드 브레이크 작동시키고 측정한다.

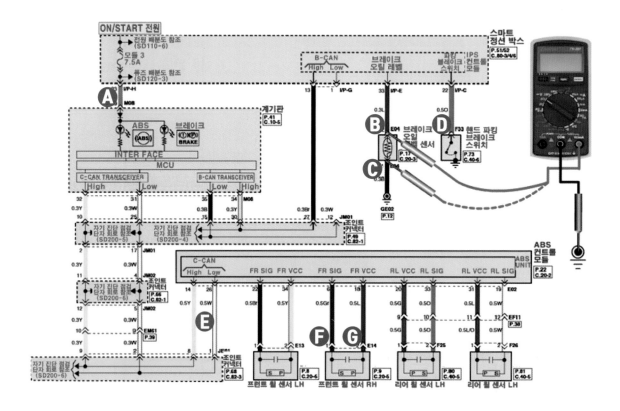

⚙ 정상값 및 불량할 때 정비 방법

점검 요소	정상값	불량할 때 정비 방법
A	12V	A 지점이 불량(0V)하면 ON·START 전원에서 A지점 사이 단선. 모듈 3 퓨즈 단선, 커넥터 접촉 불량, 배선의 단선 등을 점검한다.
B, C	0V	B, C 지점이 불량(12V)하면 측정 지점부터 접지 사이 단선, 브레이크 오일 레벨 센서, 접지 연결 상태를 점검한다.
D	0V	D 지점이 불량(12V)하면 파킹 스위치 점검한다.

244

(2) 점화 스위치 ON 상태에서 아래 ABS 회로의 E, F, G 지점에서 전압을 점검하였을 때 정상적인 전압은? 단 E, F, G 지점의 측정은 해당 측정 바퀴를 회전시키면서 측정

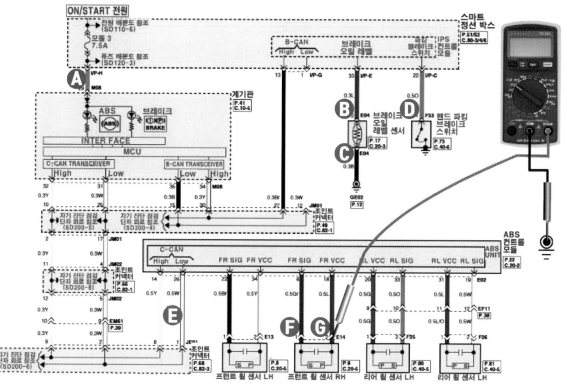

⚙ 정상값 및 불량할 때 정비 방법

점검 요소	정상값	불량할 때 정비 방법
E	12V	E 지점은 캔 통신을 점검한다(점검 방법 실무회로 분석 자동차 통신편 참조)
F, G	12V	● F, G 지점의 전압은 파형으로 측정 하는 것이 정확하다. ● F, G 지점에서 전압이 불량하면 센서 불량, 커넥터 접촉 상태를 점검한다.

⊙ 휠 센서 파형 점검
- 전압 High: 1.18~1.68V
- 전압 Low: 0.59~0.84V
- 주파수: 1~2500Hz

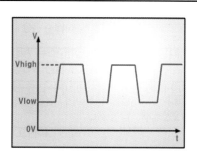

(3) 점화 스위치 ON 상태에서 아래 ABS 회로에서 A, B, C, E, D, F, G, H, I 지점에서 전압 점검하였을 때 정상적인 전압은? 단 D, A, I, H 지점은 브레이크 페달을 놓은 상태. A, B, C, E, F, G 지점 측정은 브레이크 페달을 밟은 상태에서 측정한다.

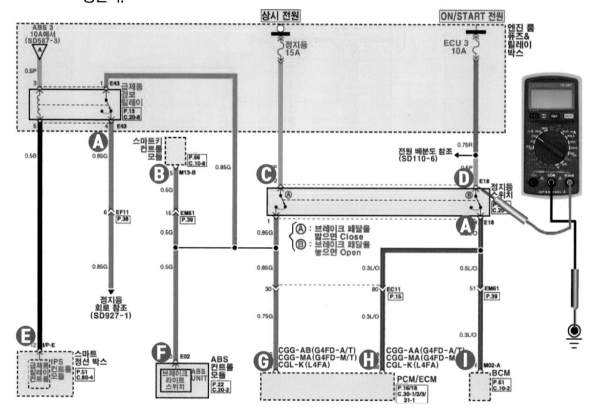

⚙ 정상값 및 불량할 때 정비 방법

점검 요소	정상값	불량할 때 정비 방법
D, A, H, I	12V	D, A, H, I 지점이 불량(0V)하면 ON·START 전원에서 측정 지점까지 단선이므로, ECU3 10A 퓨즈 단선, 정지등 스위치 불량, 커넥터 접촉 불량, 배선의 단선 등을 점검한다.
D, A, H, I	12V	A, B, C, F, G 지점이 불량(0V)하면 상시 전원에서 측정 지점까지 단선이므로, 정지등 15A 퓨즈 단선, 정지등 스위치 불량, 커넥터 접촉 불량, 배선의 단선 등을 점검한다.
E	12V	E 지점이 불량하면 ABS 3 퓨즈 단선, 급제동 경보 릴레이 점검한다.

(4) 점화 스위치 ON 상태에서 아래 ABS 회로의 A, B, C 지점에서 전압을 점검하였을 때 정상적인 전압은?

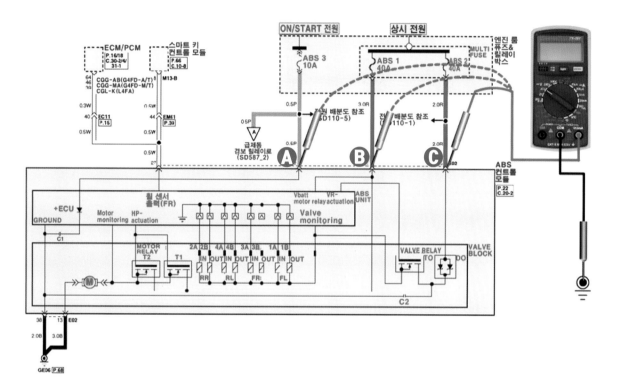

⚙️ 정상값 및 불량할 때 정비 방법

점검 요소	정상값	불량할 때 정비 방법
A	12V	A 지점이 불량하면 ON·START 전원에서 A 지점 사이 단선. ABS3 퓨즈 단선, 커넥터 접촉 불량. 배선의 단선을 점검한다.
B, C	12V	B, C 지점이 불량하면 상시 전원에서 측정 지점 사이 단선, ABS 퓨즈 단선, 커넥터 접촉 불량, 배선의 단선 등을 점검한다.

10. 차량 자세 제어 장치 회로

① 차량 자세 제어 장치^{VDC}

VDC는 요-모멘트^{YAW-MOMENT} 자동 감속 제어, ABS 제어, TCS 제어 등에 의해 스핀 방지, 오버스티어링 제어, 굴곡로 주행시 요잉^{YAWING} 발생 방지, 제동시의 조종 안정성 향상, 가속시 조종 안정성 향상 등의 효과가 있다.

이 시스템은 브레이크 제어식, TCS 시스템에 요-레이트^{YAW-RATE} & 횡 가속도 센서, 마스터 실린더 압력 센서, 휠 조향각 센서를 추가한 구성으로 차속, 조향각 센서, 마스터 실린더 압력 센서로부터 운전자의 조종 의도를 판단하고, 요-레이트 & 횡 가속도 센서로부터 차체의 자세를 계산하여 운전자가 별도의 제동을 하지 않아도 4륜을 개별적으로 자동 제동해서 차량의 자세를 제어하여 차량 모든 방향(앞, 뒤, 옆 방향)에 대한 안정성을 확보한다.

(1) 프런트·리어 휠 센서

ABS 컨트롤 모듈은 4개의 휠 센서로부터 휠 스피드 신호를 받는다.

휠 센서로부터 전류로 신호를 입력 받아 ABS 컨트롤 모듈 내부에서 전압으로 변환시킨 후 입력된다. 또한 ABS 컨트롤 모듈은 센서 및 그 주변 회로의 단락·단선 등을 체크하고 1개 이상의 휠 센서가 고장 나면 시스템 작동을 중지한다.

(2) 정지등 스위치

브레이크 페달의 작동 상태를 VDC 컨트롤 모듈로 전달한다. 이중 스위치 타입으로 정지등 스위치 A와 정지등 스위치 B 신호 모두를 VDC 컨트롤 모듈로 전달한다. 브레이크를 작동시키면 정지등 스위치 A는 ON이 된다. 즉 브레이크를 작동시킬 때 전압이 가해지고, 브레이크를 작동하지 않는 일반 상태에서는 전압이 가

해지지 않는다. 반대로 정지등 스위치는 브레이크를 작동시키면 OFF가 되는 NC 타입의 스위치이다.

(3) 솔레노이드 밸브

솔레노이드 밸브 코일의 한쪽이 밸브 릴레이를 통해 공급받은(+)전압과 연결되고 다른 한쪽이 반도체 회로에 의해 접지측으로 연결될 때 작동한다. 정상 작동 조건에서 밸브 테스트는 펄스에 의해 밸브의 전기적인 기능을 항상 체크 한다.

(4) ABS 경고등(ABC)

이그니션 스위치 ON시 3초간 점등되며 자기 진단하여 ABS가 이상 없을시 소등된다. 3초 후에도 계속 경고등이 점등되면 ABS 장치에 이상이 발생한 것이다. 이상이 발생되면 ABS 비장착 차량과 동일하게 일반 브레이크만 작동된다.

(5) 브레이크 경고등

이그니션 스위치 ON시 3초간 점등되며 자기 진단하여 브레이크 관련 이상 없을시 소등된다. 단, 주차 브레이크 스위치가 ON일 경우와 브레이크 오일이 부족 시 항상 점등된다.

(6) 차량 자세 제어 장치 작동 표시등(VDC)

이그니션 스위치 ON시 3초간 점등되며 VDC 장치에 이상 없을시 소등된다. 운행 중 차량 자세 제어 장치(VDC)가 작동할 때는 작동하는 동안 점멸된다. 단, VDC 작동 표시등이 소등되지 않고 계속 점등되거나 주행 중 점등될 경우 VDC 장치에 이상이 발생한 것이다.

(7) 차체 자세 제어 장치 작동 정지 표시등(VDC OFF)

이그니션 스위치 ON시 3초간 점등되며 VDC 장치에 이상 없을시 소등된다. 운전자에 의해 VDC OFF 스위치 신호가 입력될 때 점등된다.

(8) VDC OFF 스위치

VDC OFF 스위치는 운전자에 의해 VDC 기능을 중지할 수 있는 신호로서 VDC 컨트롤 모듈로 신호가 입력되면 VDC 경고등이 점등되고 VDC 기능을 중지하여 스포티한 주행이나 차량 검차시 활용하며, 다시 VDC 컨트롤 모듈로 신호가 입력되면 작동 대기 상태가 된다. 임으로서 후방 차량에 위험을 알리는 기능이다.

(9) 요^{YAW} 레이트 센서

차량이 수직 축을 기준으로 회전할 때 요레이트 센서 내부에 플레이트 포크가 진동 변화를 일으키면서 전자적으로 요잉을 감지하여 요 속도가 일정 속도에 도달하면 VDC 제어를 재개한다.

횡 가속도 센서는 센서 내부에 작은 엘리먼트가 횡 가속도에 의해 편향이 가능한 레버암에 부착되어 있다. 횡 가속도에 따라 변하는 정전 용량으로 차량에 작용 하는 횡 가속도의 방향과 크기를 알 수 있다.

센서는 VDC 컨트롤 모듈과 별도의 CAN BUS 라인을 이용하여 신호를 주고받는다.

(10) 급제동 경보 릴레이(ESS $^{Emergency\ Stop\ Signal}$)

급제동시 정지등을 ON & OFF시켜 정지등을 깜빡 임으로서 후방 차량에 위험을 알리는 기능이다.

▶ 작동 조건: 차속 50Km/h 이상에서 감속도 6m/S^2 이상 발생,

▶ DC·ABS 작동 시 램프 점멸 주기: 4.0 H$_Z$

(11) 급제동 경보 시스템[ESS]

▶ **Emergency Stop Signal:** 급제동시 브레이크 및 비상등 램프를 점멸하여 후방 차량에 경보

차속 55km/h 이상	작동 조건	감속도 7m/s² 이상 ABS/VDC 작동
차속 40km/h 이하	해제 조건	감속도 4m/s² 미만 비상등 스위치 ON

(12) ESS 브레이크 릴레이

▶ **엔진 룸 정션 박스 위치:** ESS 기능 동작 중 브레이크 램프 ON·OFF 제어(비상등 제어 BCM)

C2131	고장 코드	ESS 릴레이 이상
릴레이 회로 단선·단락	예상 원인	릴레이 결함

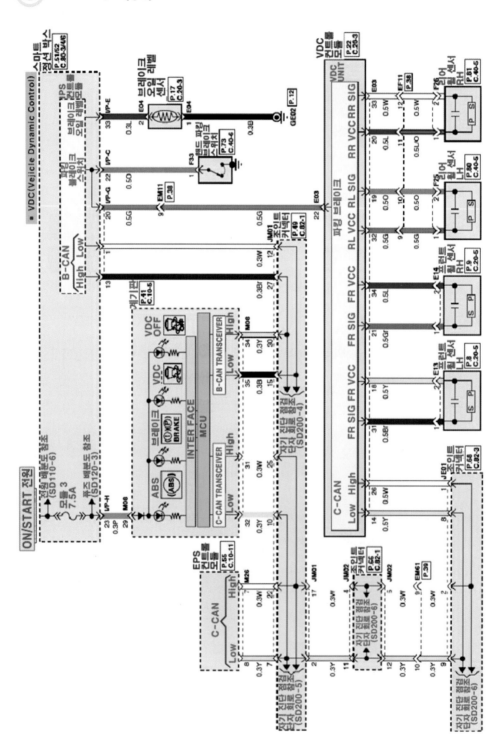

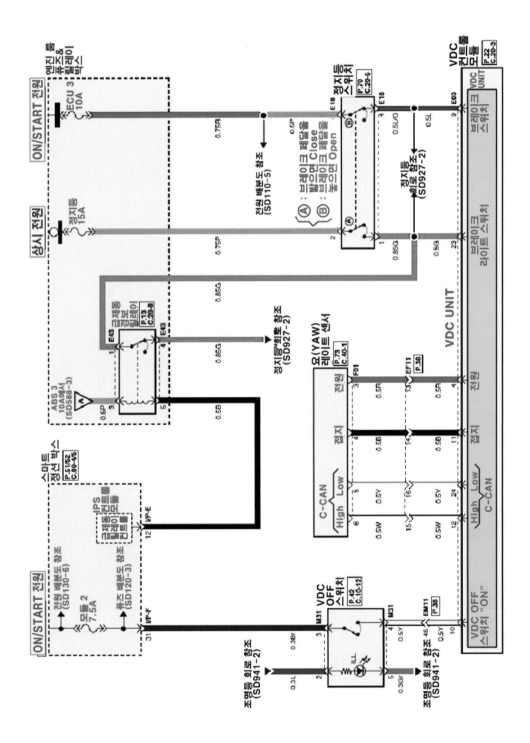

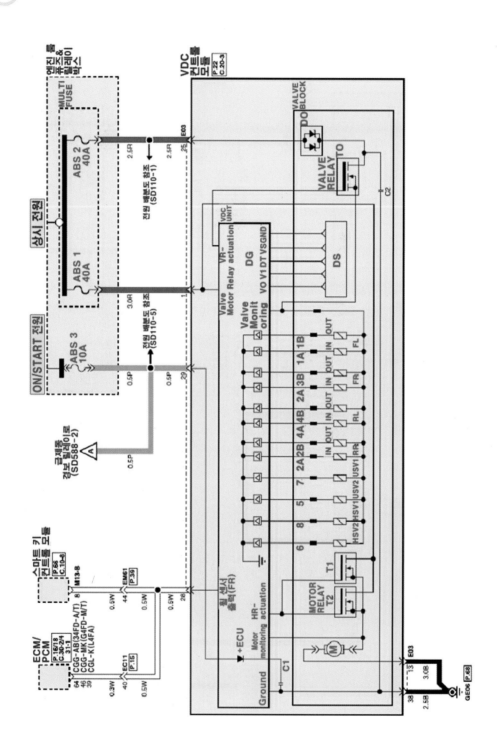

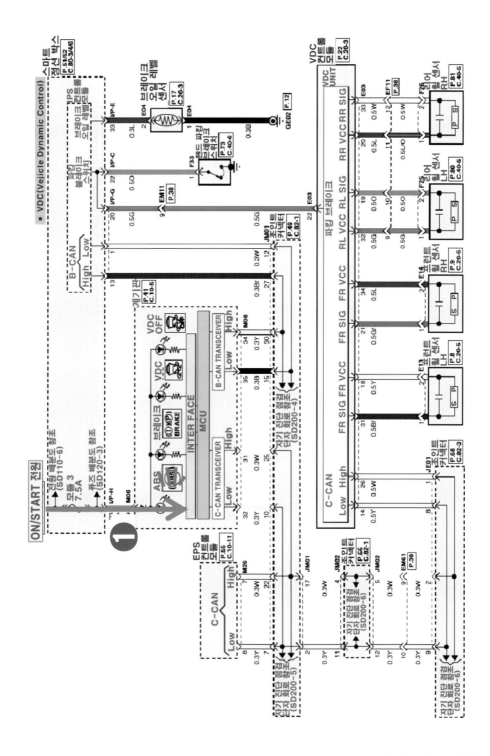

❷ 캔 통신으로 자기 진단 하여 ABC 시스템이 정상이면 ABS 경고등 3초 후 소등

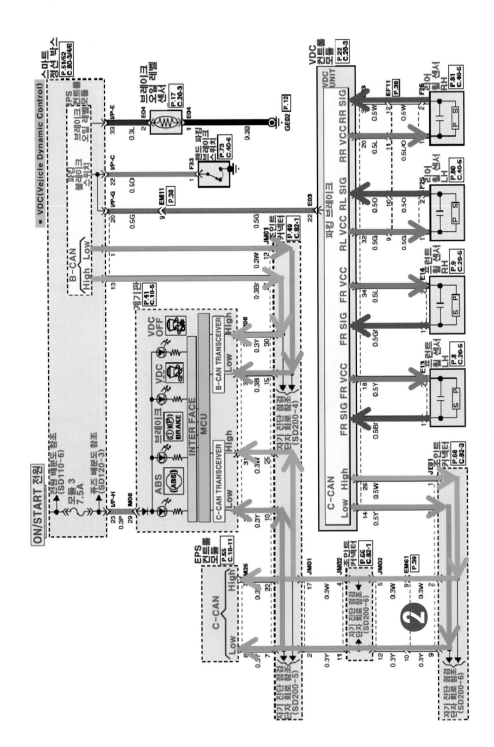

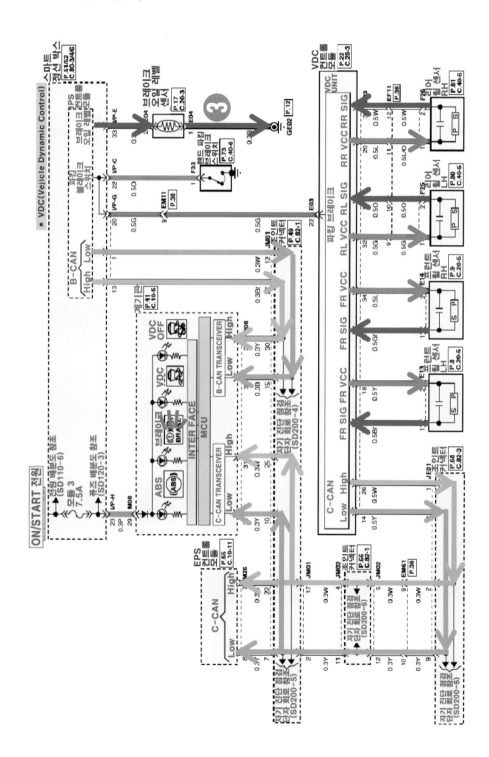

④ 핸드 브레이크 ON: IPS 컨트롤 모듈(파킹 브레이크 스위치) → 핸드 파킹 브레이크 스위치(자체 접지)

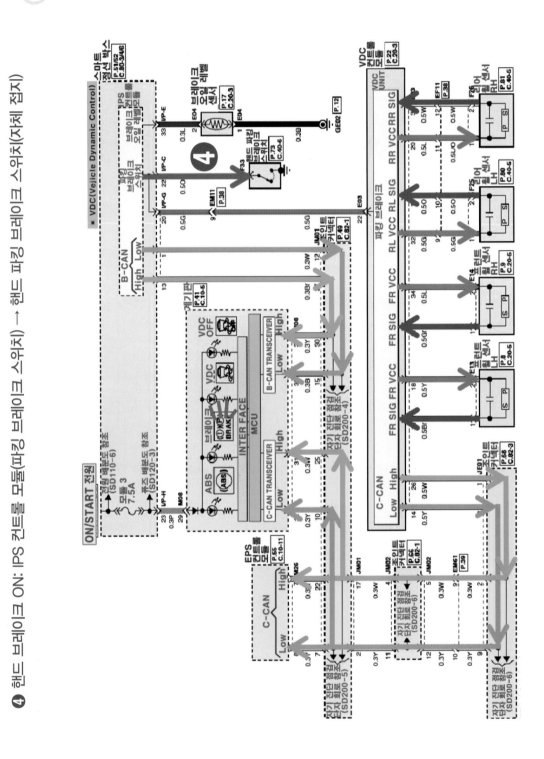

⑤ 브레이크 페달 밟기 전: ON·START 전원 → 정지등 스위치 → VDC 컨트롤 모듈

⑥ VDC 스위치 ON: 요레이트 센서 전원 → VDC 컨트롤 모듈

⑦ 브레이크 페달 밟을 때: ABS 3 10A 퓨즈 → IPS 컨트롤 모듈(급제동 경보 릴레이 작동)

상시 전원 → 정지등 스위치 "A" → VDC 컨트롤 모듈(브레이크 라이트 스위치) 및 급제동 릴레이 → 급제동 램프
→ 접지

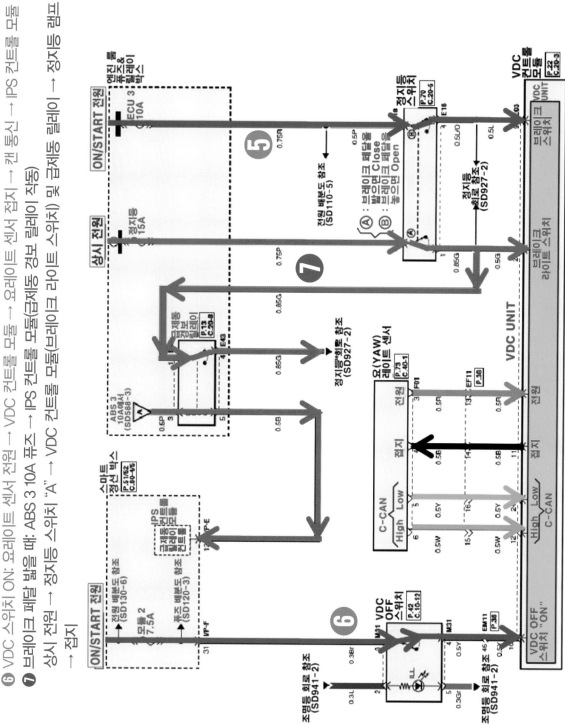

❽ 브레이크 페달을 밟을 때: ABS_3 10A 퓨즈 → IPS 컨트롤 모듈(급제동 경보 릴레이 작동)
상시 전원 → 정지등 스위치 "A" → VDC 컨트롤 모듈(브레이크 라이트 스위치) 및 급제동 릴레이 →
정지등 램프 → 점지

6 VDC 회로 점검

(1) 점화 스위치 ON 상태에서 아래 ABS 회로의 A, B, C, D 지점에서 전압을 점검하였을 때 정상적인 전압은? 단 B 지점의 측정은 핸드 브레이크를 작동시키고 측정. C, D 지점은 브레이크 오일이 부족한 상태에서 측정.

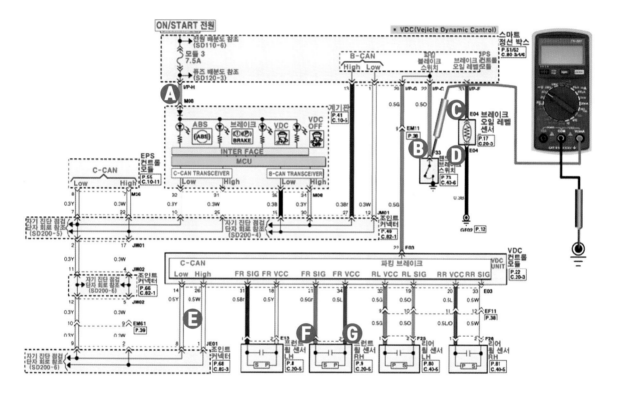

⚙ 정상값 및 불량할 때 정비 방법

점검 요소	정상값	불량할 때 정비 방법
A	12V	A 지점이 불량(0V)하면 ON·START 전원에서 A지점 사이 단선. 모듈 3 퓨즈 단선, 커넥터 접촉 불량, 배선의 단선 등을 점검한다.
B	12V	B지점 불량(12V)하면 측정 지점부터 접지 사이가 단선 되었으므로 파킹 스위치 상태 등을 점검한다.
C, D	12V	C, D 지점이 불량하면 오일 레벨 센서 불량 및 접지의 연결 상태 등을 점검한다.

(2) 점화 스위치 ON 상태에서 아래 ABS 회로의 E, F, G 지점에서 전압 점검하였을 때 정상적인 전압은? 단 E, F, G 지점의 측정은 해당 측정 바퀴를 회전시키면서 측정한다.

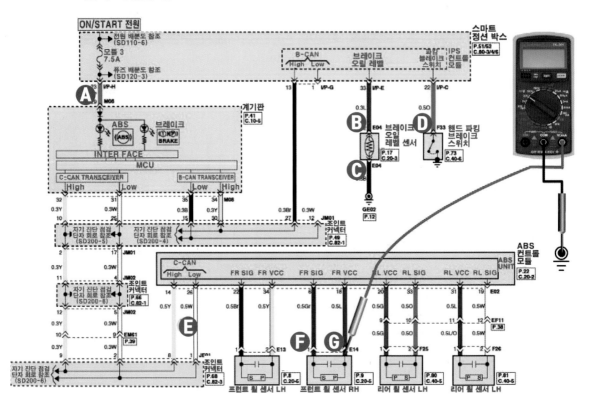

⚙ 정상값 및 불량할 때 정비 방법

점검 요소	정상값	불량할 때 정비 방법
E	–	E 지점은 캔 통신을 점검한다. (점검 방법 실무회로 분석 통신편 캔 통신 참조)
F G	1.48V 12.0V	F, G 지점의 전압은 파형으로 측정하는 것이 정확 하다. F, G 지점에서 전압이 불량하면 센서 불량, 커넥터 접촉 상태를 점검한다.

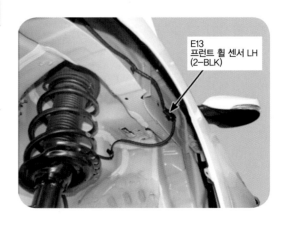

E13
프런트 휠 센서 LH
(2-BLK)

(3) 점화 스위치 ON 상태에서 아래 VDC 회로의 A, F, E 지점에서 전압을 점검하였을 때 정상적인 전압은? 단 E 지점은 브레이크 페달을 놓은 상태. A, F 지점 측정은 VDC 스위치 ON 상태에서 측정한다.

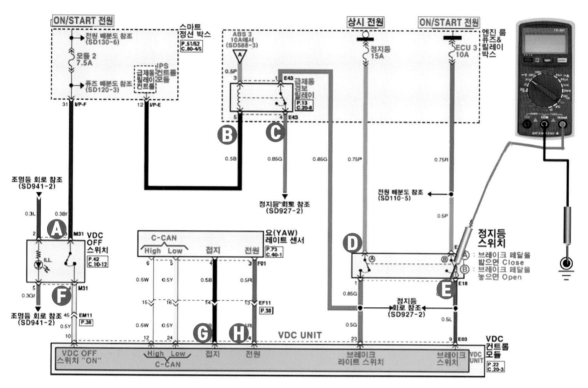

🛠️ 정상값 및 불량할 때 정비 방법

점검 요소	정상값	불량할 때 정비 방법
E	12V	E 지점이 불량(0V)하면 ON·START 전원에서 측정 지점까지 단선이므로, ECU 3 10A 퓨즈 단선, 정지등 스위치 불량, 커넥터 접촉 불량, 배선의 단선 등을 점검한다.
A, F	12V	A,F 지점이 불량(0V)하면 상시 전원에서 측정 지점까지 단선이므로, 모듈 7.5A 퓨즈 단선, VDC 스위치 불량, 커넥터 접촉 불량, 배선 단선 등을 점검한다.

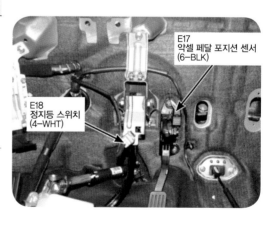

(4) 점화 스위치 ON 상태에서 아래 VDC 회로의 B, C, D, G, H 지점. 전압을 점검하였을 때 정상적인 전압은? 단 브레이크 페달을 밟은 상태에서 측정한다.

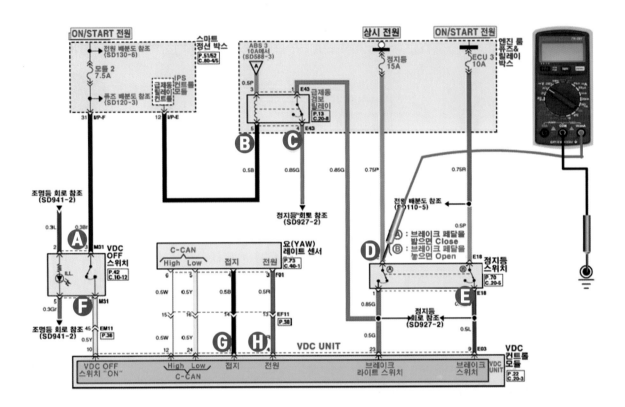

⚙️ 정상값 및 불량할 때 정비 방법

점검 요소	정상값	불량할 때 정비 방법
B, C, D	12V	B, C, D 지점이 불량(0V)하면 상시 전원에서 측정 지점까지 단선이므로, 정지등 15A 퓨즈 단선, 정지등 스위치 불량 등을 점검한다.
G	0V	G, H 지점이 불량하면 요레이트 센서 등을 점검한다.
H	12V	

(5) 점화 스위치 ON 상태에서 아래 VDC 회로의 A, B, C 에서 전압을 점검하였을 때 정상적인 전압은?

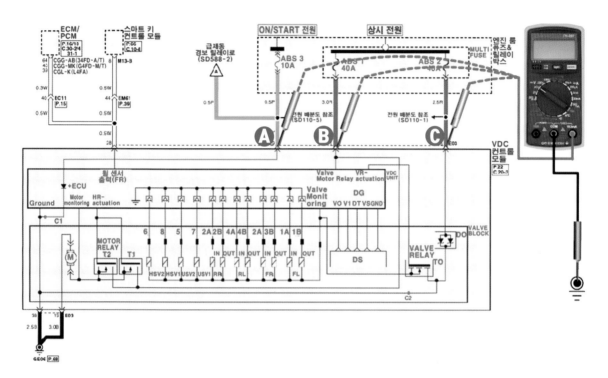

⚙ 정상값 및 불량할 때 정비 방법

점검 요소	정상값	불량할 때 정비 방법
A	12V	A 지점이 불량하면 ON·START 전원에서 A 지점 사이 단선. ABS 3 퓨즈 단선, 커넥터 접촉 불량. 배선의 단선 등을 점검한다.
B, C	12V	B, C 지점 불량하면 상시 전원에서 측정 지점 사이 단선, ABS 퓨즈 단선, 커넥터 접촉 불량, 배선의 단선 등을 점검한다.

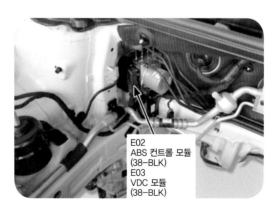

E02
ABS 컨트롤 모듈
(38-BLK)
E03
VDC 모듈
(38-BLK)

11. 스마트 키 모듈 회로

① 스마트 키 모듈 회로 기능

스마트 키 시스템은 기존에 사용되는 키 또는 RF 키를 이용해서 차량으로 진입하는 것과는 달리 편리하게 운전자가 차량 실내로 진입 및 조작을 가능하게 하는 시스템이다.

스마트 키 시스템은 스마트 키를 소지한 운전자가 의도적인 행동을 하지 않고 도어 핸들의 푸시 버튼을 누름으로써 구동된다. 이때 차량이 제한된 거리 내에서 요청 신호를 송신하고, 스마트 키가 이 요청 신호를 수신한다면, 수신 여부를 자동적으로 차량으로 보내게 된다. 이러한 절차를 거쳐서 스마트 키 시스템은 특별한 행동을 취할 것인지 [해제UNLOCK, 잠금LOCK] 혹은 그 상태 그대로 존재할 것인지를 결정하게 된다.

즉, 스마트 키 시스템은 운전자의 어떤 행동이 수행되기 전에 차량(스마트 키 유닛)과 스마트 키와의 통신을 통해서 스마트 키의 유효 여부를 확인한다.

스마트 키

시동·정지 버튼

(1) 스마트 시스템의 주요 특성

① 운전석과 동승석 도어 그리고 트렁크를 통한 차량 진입 및 조작

② 스마트 키의 실내 감지 후 시동

③ 스마트 키 시스템을 통한 LF-RF 통신

④ 운전석·동승석 도어 아웃사이드 핸들의 푸시 버튼을 통한 도어의 잠금과 잠금 해제

⑤ 트렁크 오픈 스위치를 통한 트렁크 진입

⑥ 최대 2개의 스마트 키 조작 가능

⑦ 싱글 라인 인터페이스를 통한 엔진 제어 시스템과 통신(이모빌라이저 통신)

(2) 도어 잠금 해제^{UNLOCK}

▶ **초기 조건:** 전 도어 잠금 상태이며 ACC, IGN OFF시

① 도어 잠금 상태에서 스마트 키를 소지하고 도어 핸들의 푸시 버튼을 누른다.(운전석·동승석 도어 가능)

② 도어 핸들의 푸시 버튼을 누른 후 스마트 키 유닛은 도어 핸들의 안테나를 통해 스마트 키를 찾는다(LF). 스마트 키는 응답 신호를 RF 수신기로 데이터를 송신하며 수신기를 통하여 스마트 키 유닛으로 데이터를 입력하고 인증 키를 확인한다.

- 스마트 키 유닛은 도어 핸들에서 일정거리 내에 스마트 키를 확인할 수 있다.(최소 0.7m)

③ 스마트 키 유닛에서 CAN 통신을 통해 BCM에 도어 잠금·해제 명령을 하고, BCM은 조건 확인 후 다시 CAN 통신을 통해 SJB에 도어 잠금 해제 명령을 하면 SJB가 도어 해제 명령을 수행한다.

- 도어 핸들의 푸시 버튼을 누른 후 실제 도어 해제까지 걸리는 시간은 0.5초 이므로 0.5초 이전에 핸들을 당길 경우 도어가 열리지 않는다.

- 스마트 키에 의한 도어 잠금·해제는 전 도어가 닫힌 상태에서만 가능하다.

(3) 도어 잠금^{LOCK}

▶ **도어 잠금을 위한 차량 상태 조건:** 트렁크, 도어 해제 상태이며 ACC, IGN OFF시

① 사용자가 도어 핸들의 푸시 버튼을 누른다.

② 스마트 키 유닛은 도어 핸들 내의 LF 안테나를 통해 유효 스마트 키를 찾는다.

- 스마트 키 유닛은 도어 핸들에서 0.7~1m이내의 스마트 키를 확인할 수 있다.

③ 수신기를 통해 수신된 데이터는 스마트 키 유닛의 데이터 처리를 거쳐 CAN 통신으로 BCM에게 송신되고, 이후 BCM은 CAN 통신으로 도어 잠금 메시지를 SJB로 송신한다.

④ SJB는 도어 잠금 메시지를 받아 전 도어 잠금을 수행한다.

- 스마트 키에 의한 도어 잠금·해제는 전 도어가 닫힌 상태에서만 가능하다.

- 스마트 키에 의한 도어 록 이후 0.5초간은 스마트 키에 의한 도어 해제가 안 된다.

(4) 스마트 트렁크

▶ **차량 상태 조건:** 스마트 트렁크 동작 설정 시 유효한 스마트 키를 소지한 사용자가 리어 범퍼(LF 안테나 영역 내)에 3초 이상 머무를 경우 트렁크 열림 기능을 수행 한다. 클러스터의 USM^{User setting mode}을 통해 "핸즈프리" 트렁크 기능을 "켜짐"으로 설정을 한다.

① 리어 범퍼 안테나는 유효한 스마트 키의 접근 여부를 상시 감지한다.

② 유효한 스마트 키가 리어 범퍼 안테나 영역내 진입시 1회 경보음과 비상등으로 진입했음을 알린다.

- 스마트 키 유닛은 리어 범퍼에서 0.7~1m 이내의 스마트 키를 확인 할 수 있다.

- 영역 내에서 계속해서 머무를 경우 1초마다 1회의 경보음과 비상등으로 알린다.

③ 3초 이상 리어 범퍼(안테나 영역 내)에 머무를 경우 2회의 경보음과 비상등으로 알리며, 트렁크 열림 기능을 수행 한다.

(5) 시동START **인증:** 인증 키 확인 후 시동 가능하다.

① 기어 변속 레버를 P 또는 N 위치에서 브레이크 페달을 밟고 시동 버튼을 누른다.

② 차량 실내에 스마트 키가 있는지 검색한다.

③ 인증 유지 시간

- ACC → IGN ON일 때 인증 정보가 없으면 검색 후 인증 유무 판단

- IGN ON 상태에서 인증이 되면 30초간 인증을 유지(엔진 제어 장치에게 요청 받았을 경우)

(6) 트랜스폰더TRANSPONDER **통신:** 비상시(FOB 키 배터리 방전 등) 트랜스폰더와 통신을 통한 인증.

① LF 탐색을 한 후 실내에 스마트 키가 없으면 키를 입력한 상태가 아니더라도 트랜스폰더 통신을 자동으로 시동한다.

(7) 키 리마인더 1: 문이 열린 상태이고 실내에 스마트 키가 있는 상태에서 차량 문의 노브 스위치가 잠기는 것을 방지하기 위한 기능이다.

▶ **키 리마인더 1 확인 과정**

① ACC 또는 IGN 1 OFF 상태에서 적어도 하나의 문이 열려있을 경우

② 차량 실내에 스마트 키가 위치해 있을 경우

③ 차량의 문을 열림에서 잠금으로 시도할 때 차량 실내에 스마트 키의 유무를 탐색한다.

④ 스마트 키가 차량 실내에서 감지되었을 경우 도어 열림을 실행하여 문이 잠기는 것을 방지한다. 차량 문이 닫힌 후 0.5초 동안 잠금 상태를 확인하여 잠겨 있으면 열리게 해준다.

(8) 키 리마인더 2

▶ 키 리마인더 2 확인 과정

① 차량 전원 상태 OFF에서 테일게이트(드렁크) 포함해서 적어도 하나의 문이 열려있을 경우

② 차량 실내에 스마트 키가 위치해 있을 경우

③ 모든 차량의 문과 테일게이트가 닫힐 경우

④ 스마트 키가 차량 실내에서 감지되었을 경우 차량의 문이 닫힌 후 0.5초 이내에 전 도어가 잠금 상태이며 스마트 키가 차량 실내에서 감지되었을 경우 스마트 키 유닛은 차량의 모든 도어를 잠금 해제하고 외부 버저를 작동시킨다.

(9) 참고

① ACC: 브레이크 페달을 밟지 않고 시동·정지 버튼 1번 누른다.

② IG 1, 2: 브레이크 페달을 밟지 않고 시동·정지 버튼 2번 누른다.

③ START: 브레이크 페달을 밟고 시동·정지 버튼 1번 누른다.

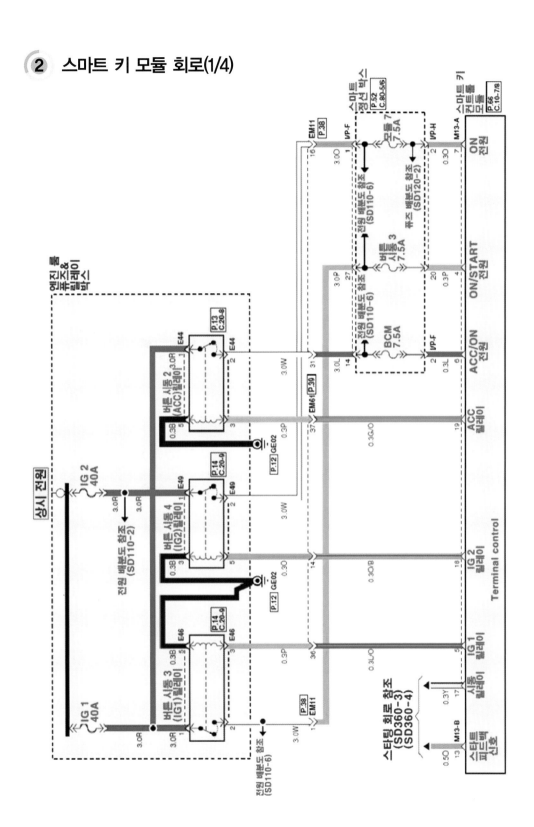

2 스마트 키 모듈 회로(2/4)

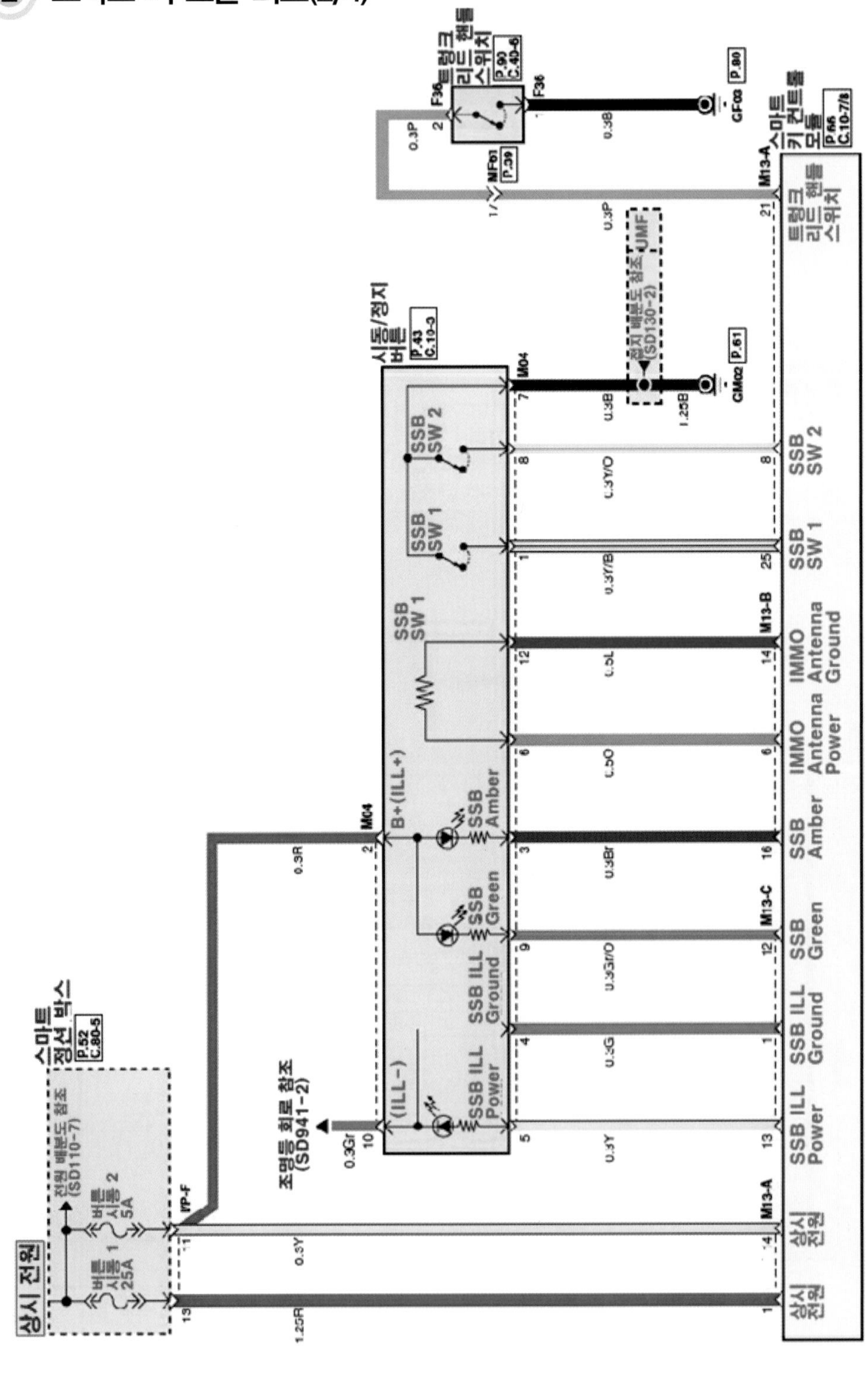

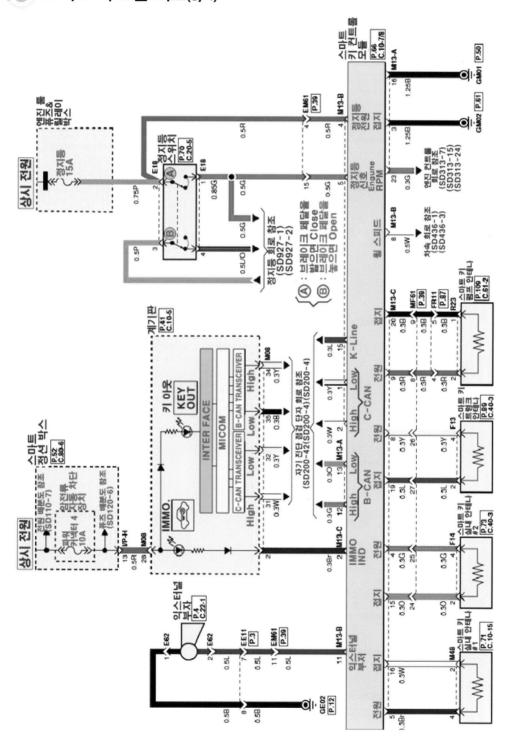

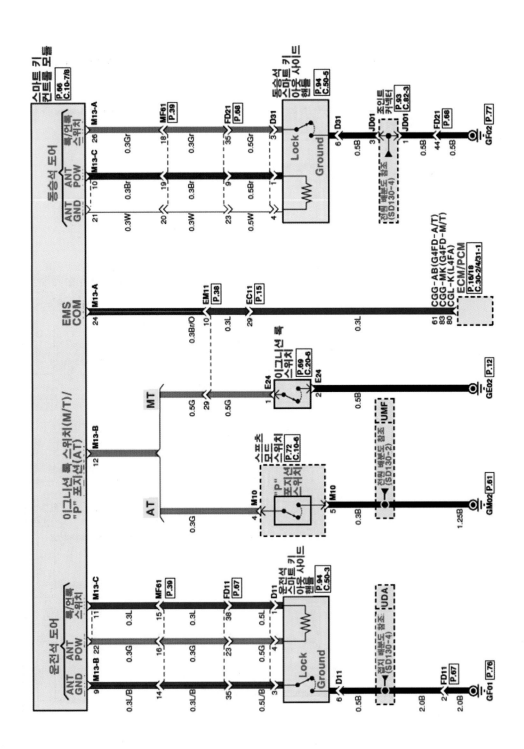

3 스마트 키 모듈 회로 경로(1/6)

(1) 정지·버튼 스위치 ASS

❶ 스마트 키 컨트롤 모듈(ASS 릴레이) → 버튼 시동 2 릴레이(3 → 5단자) → 정지

❷ 상시 전원 → IG 1 40A 퓨즈 → 시동 릴레이 점등(1 → 2번 단자) → 스마트 키 컨트롤 모듈(ACC·ON 전원)

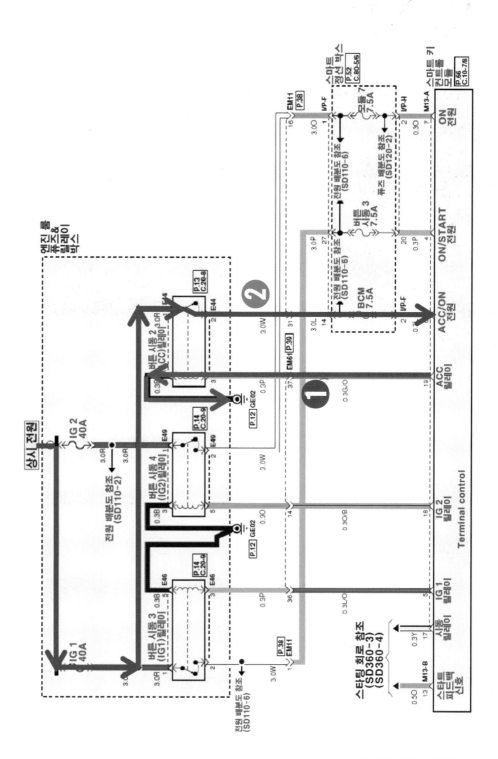

(2) 정지·버튼 스위치 IG

③ 스마트 키 컨트롤 모듈(IG 1. IG 2 릴레이) → 버튼 시동 3, 4 릴레이 → 정지

④ 상시 전원 → 1G1 40A → 버튼 시동 3 릴레이 → 버튼 시동 3. 7.5A → 스마트 키 컨트롤 모듈
(ON·START 전원)

⑤ 상시 전원 → IG 2 40A→ 버튼 시동 4 릴레이 → 모듈 7.7.5A → 스마트 키 컨트롤 모듈(ON 전원)

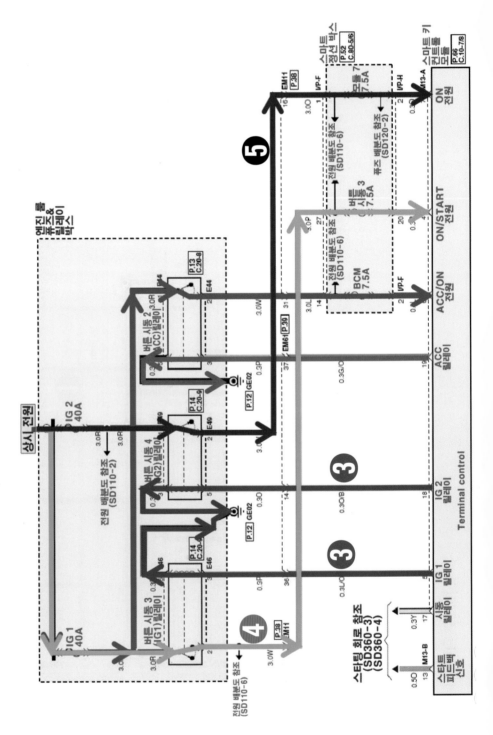

(3) 시동·정지 버튼 회로

❻ SSB OFF(차량 안에 스마트 키가 있을 때: 상시 전원 → 스마트 키 컨트롤 모듈 상시 전원 → SSB ILL POWER) → 시동·정지 버튼(SSB ILL POWER) → 발광 다이오드 → SSB ILL Ground) SSB → 스마트 키 컨트롤 모듈(Green)

❼ SSB ACC: 스마트 키 컨트롤 모듈(SSB SW 1) → 시동 정지 버튼(SW 1) → 정지
상시 전원 → 버튼 시동 2 퓨즈 5A → 시동·정지 버튼(B+) 발광 다이오드 → 스마트 키 컨트롤 모듈(SSB Amber)

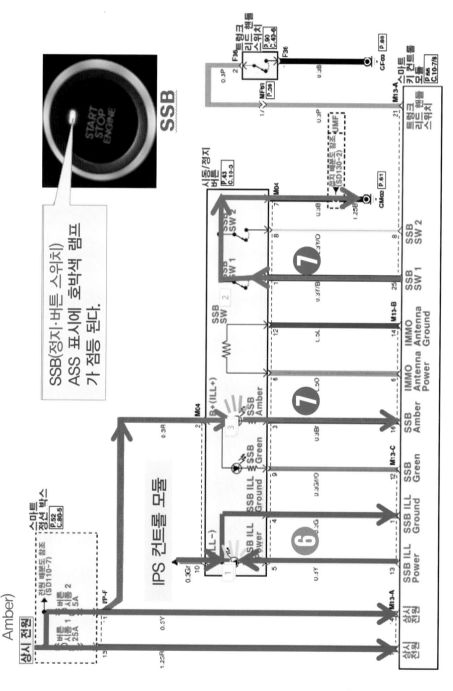

SSB(정지·버튼 스위치)
ASS 표시에 호박색 램프가 점등 된다.

③ 스마트 키 모듈 회로 경로(4/6)

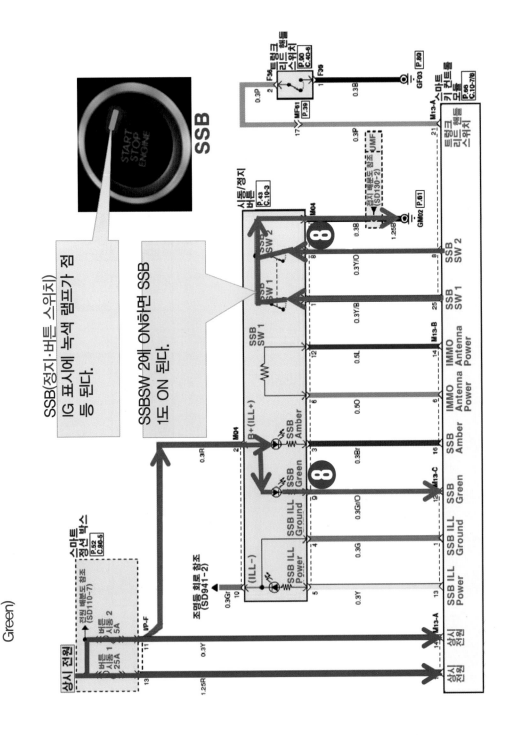

❽ SSB IG(SW 2): 스마트 키 컨트롤 모듈(SSB SW 2) → 시동·정지 버튼(SW 2) → 정지 버튼(SW 2) → 정지 상시 전원 → 버튼 시동 2 퓨즈 5A → 시동 정지 버튼(B+) 발광 다이오드 → 스마트 키 컨트롤 모듈(SSB Green)

SSB(정지·버튼 스위치) IG 표시에 녹색 램프가 점등 된다.

SSBSW 2에 ON하면 SSB 1도 ON 된다.

(4) 이모빌라이저 및 스마트 키 컨트롤 모듈 회로

⑨ 이모빌라이저 경고등 점등: 상시 전원 → 이모빌라이저(IMMO 경고등) → 계기판(IMMO 경고등) → 스마트 키 컨트롤 모듈(IMMO IND → 익스터널 부저 → 점지(무선 통신 스마트 키 암호 맞지 않음)

⑩ 키 아웃(경고등 소음): 상시 전원 → 계기판(키아웃 경고등 3초 점등 후 소음)

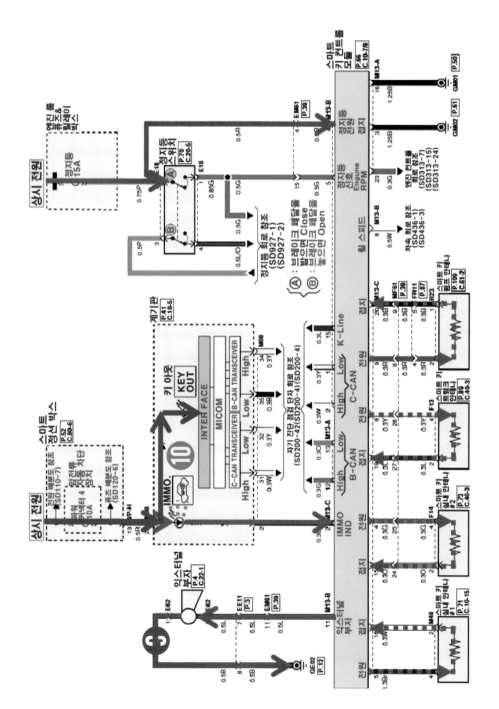

③ 스마트 키 모듈 회로 경로(6/6)

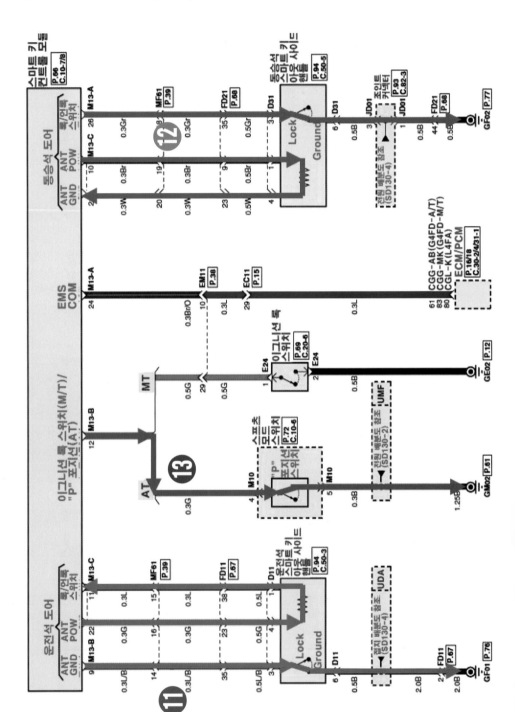

⑪ 스마트 키 컨트롤 모듈 〉 운전석 도어 잠금 상태 및 잠금 상태 BCM에 전송
⑫ 스마트 키 컨트롤 모듈 〉 변속기 "P" 위치 확인 및 BCM에 전송
⑬ 스마트 키 컨트롤 모듈 〉 동승석 도어 잠금 상태 및 잠금 상태 BCM에 전송

④ 스마트 키 모듈 회로 점검

(1) 아래 스마트 키 모듈 회로에서 릴레이를 탈거하고 A, B, C, D, E, F 지점에서 전압을 점검하였을 때 정상적인 전압은?

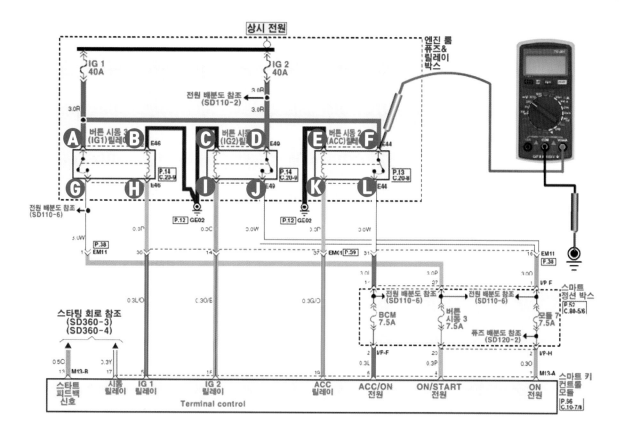

⚙️ 정상값 및 불량할 때 정비 방법

점검 요소	정상값	불량할 때 정비 방법
A, B, C D, E, F	12V	A, B, C, D, E, F 지점에서 전압이 12V 나오지 않는다면 상시 전원에서 측정 지점까지 단선이므로 퓨즈 단선, 커넥터 접촉 상태의. 배선의 단선 등을 점검한다.

(2) 아래 스마트 키 모듈 회로에서 릴레이를 탈거하고 G, H, I, J, K, L 지점에서 전압 점검하였을 때 정상적인 전압은? 단 시동·정지 버튼 ASS에서 K, L 지점 측정 〉 시동·정지 버튼 IG ON에서 G, H, I, J 지점 측정한다.

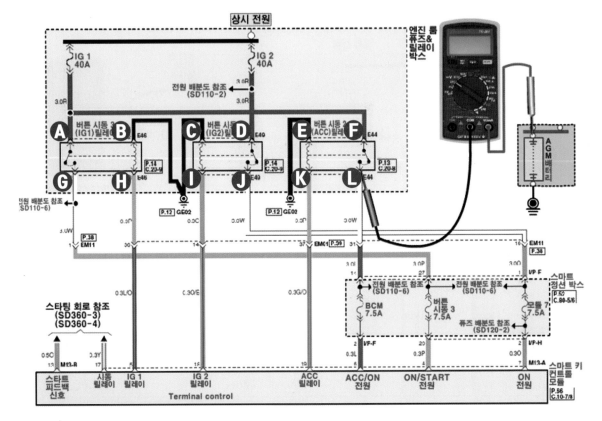

⚙ 정상값 및 불량할 때 정비 방법

점검 요소	정상값	불량할 때 정비 방법
G, H, I J, K, L	12V	● G 지점이 불량하면 상시 전원에서 G 지점까지 단선 되었으므로 퓨즈 및 릴레이 점검한다. ● H 지점이 불량하면 스마트 키 컨트롤 모듈(IG 1 릴레이)에서 H 지점까지 단선 되었으므로 커넥터 접촉 상태. 배선 단선 등을 점검한다. ● I 지점이 불량하면 스마트 키 컨트롤 모듈(IG 2 릴레이)에서 I 지점까지 단선 되었으므로 커넥터 접촉 상태. 배선 단선 등을 점검한다. ● K 지점이 불량하면 스마트 키 컨트롤 모듈(ACC 릴레이)에서 K 지점까지 단선 되었으므로 커넥터 접촉 상태. 배선 단선 등을 점검한다. ● J 지점이 불량하면 상시 전원에서 J 지점까지 단선 되었으므로 퓨즈 및 릴레이 점검한다. ● L 지점이 불량하면 상시 전원에서 J 지점까지 단선 되었으므로 퓨즈 및 릴레이 점검한다.

(3) 아래 스마트 키 모듈 회로에서 릴레이를 탈거하고 A, B, C, D, E, F, G, H, I 지점에서 전압을 점검하였을 때 정상적인 전압은?

> 시동·정지 버튼 ACC에서 F 지점 측정

> 시동·정지 버튼 IG ON에서 G, H 지점 측정

> 트렁크 열고 I, J 지점에서 측정

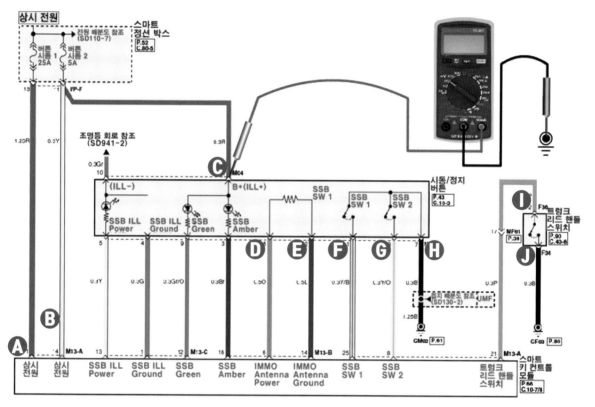

🔧 정상값 및 불량할 때 정비 방법

점검 요소	정상값	불량할 때 정비 방법
A, B, C	12V	A, B, C 지점이 불량하면 상시 전원에서 측정 지점까지 단선이므로 퓨즈 단선, 커넥터 접촉 상태. 배선의 단선 등을 점검한다.
D E	12V 0V	D, E 지점이 불량하면 안테나 단선 점검.
F, G, H	0V	F, G, H 지점 불량하면 측정 지점부터 접지까지 단선 되었으므로 스위치 불량, 접지 연결 상태, 커넥터 접촉 상태 등을 점검한다.
I, J	0V	I 지점의 전압 12V이면 트렁크 리드 핸들 스위치 불량이다.

(4) 아래 스마트 키 모듈 회로에서 릴레이를 탈거하고 A, B, C, D 지점에서 전압을
점검하였을 때 정상적인 전압은?

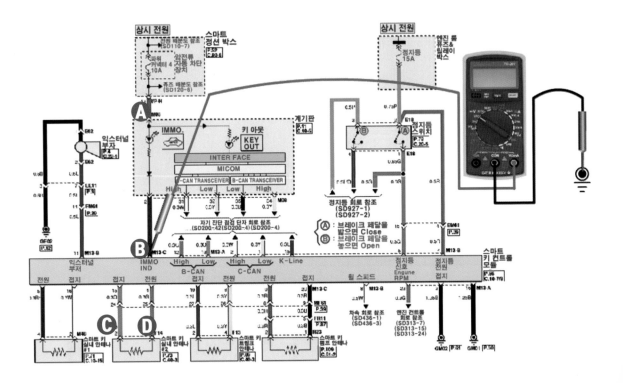

⚙ 정상값 및 불량할 때 정비 방법

점검 요소	정상값	불량할 때 정비 방법
A	12V	A 지점이 불량하면 퓨즈 단선, 커넥터 접촉 상태 등을 점검한다. B 지점이 불량하면 스마트 키 컨트롤 모듈 점검한다.
C, D	12V	C, D 지점이 불량하면 스마트 키 실내 안테나 점검한다.
참고 1		스마트 키 모듈 및 실내 안테나는 자기 진단기로 점검하는 것이 정확하다.
참고 2		정지등 스위치 및 정지등 스위치 회로 점검은 정지등 회로 참조

(5) 아래 스마트 키 모듈 회로에서 릴레이를 탈거하고 A, B, C, D, E, F 지점에서 전압을 점검하였을 때 정상적인 전압은? 단 시동·정지 버튼 ASS에서 도어 잠금 및 변속 레버 스프츠 모드 스위치 "P"위치에서 측정

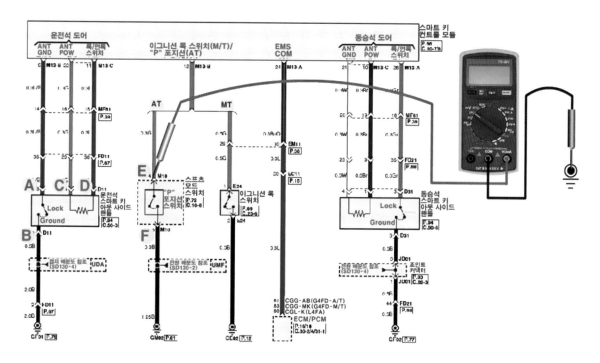

⚙️ 정상값 및 불량할 때 정비 방법

점검 요소	정상값	불량할 때 정비 방법
A, B	0V	A, B 지점이 불량하면 ANT GND에서 접지까지 단선 되었으므로 스위치 불량, 접지 연결 불량, 배선의 단선 등을 점검한다.
C D	12V 0V	C, D 지점이 불량하면 운전석 스마트 키 아웃 사이드 핸들 단선 등을 점검한다.
E, F	0V	E, F 지점이 불량하면 P포지션에서 접지까지 단선 되었으므로 스위치 불량, 접지 연결 불량, 배선의 단선 등을 점검한다.

프런트 도어 모듈 스마트 키 아웃 사이드 핸들

스마트차
전장회로 분석 핸드북1

초 판 인 쇄 | 2020년 7월 13일
초 판 발 행 | 2020년 7월 24일

저　　　자 | 차석수 · 강주원
발 행 인 | 김길현
발 행 처 | (주) 골든벨
등　　록 | 제 1987 – 000018호 ⓒ 2020 GoldenBell Corp.
I S B N | 979 – 11 – 5806 – 463 – 1
가　　격 | 25,000원

편집 및 교정 | 이상호
표지 및 편집 디자인 | 조경미 · 김한일 · 김주휘　　**제작 진행** | 최병석
웹매니지먼트 | 안재명 · 김경희　　　　　　　　　**오프 마케팅** | 우병춘 · 강승구 · 이강연
공급관리 | 오민석 · 정복순 · 김봉식　　　　　　　**회계관리** | 이승희 · 김경아

(우)04316 서울특별시 용산구 원효로 245(원효로 1가 53–1) 골든벨 빌딩 5〜6F
• TEL : 도서 주문 및 발송 02–713–4135 / 회계 경리 02–713–4137
　　　내용 관련 문의 02–713–7452 / 해외 오퍼 및 광고 02–713–7453
• FAX : 02–718–5510　　• http : //www.gbbook.co.kr　　• E–mail : 7134135@naver.com